現場の
即戦力

中村省三◉著

エレクトロニクス部品実装のための

はじめての
粘弾性解析

技術評論社

まえがき

筆者は大学卒業後に㈱日立製作所に勤務し、その後大学に転職したが、現在までの半世紀にわたって半導体パッケージ等を対象に樹脂特性や強度・変形解析の研究開発に従事してきた。

今般、本書の執筆を思い立ったのは、筆者が研究に従事した半導体パッケージの日立時代の苦い思い出に遡る。半導体パッケージについては本文詳述のように、LSIチップや樹脂、金属やはんだ、基板など多くの異種材料から構成され、特に樹脂はLSIチップの封止や熱応力緩衝用として用いられる。40数年前の半導体パッケージ開発当たっては、熱負荷による樹脂の微小クラックや反り変形が大きな技術課題であり、開発阻害要因でもあった。それは、斬新な半導体パッケージの開発においては、構成材料や構造及び熱プロセスの最適化設計が不可欠であり、そのために数値解析によるシミュレーション技術が必須であった。しかし、仕方がなかったが当時のシミュレーション解析は弾性論に基づいた解析であり、この手法が決定的な問題であった。それは、樹脂（高分子材料）は金属やセラミックスとは違って、その縦弾性係数や線膨張係数等の諸特性が時間や温度の影響を大きく受ける粘弾性材料であるが、弾性解析には温度や時間のパラメータを考慮していないことが致命的であり、筆者も開発当初はこの問題で悩んだ。

その当時は日立武蔵工場が半導体パッケージの開発部署で、同工場がスポンサーとなって、村上元主任技師が中心に、材料・解析・生産技術の各分野を専門とする研究所群の総合力で開発していた。年に数度、武蔵工場と各研究所による全体会議で研究経緯を報告するが、ひどい時には半導体パッケージの反りの方向が、解析結果と実物とで真逆だったこともあった。その後、不具合の主たる原因が樹脂の粘弾性特性に大きく関与していることを、解析担当の研究所には所属していない筆者は主張したが、猛反対で冷や飯を食わされたこともある。

このような苦い経験から、筆者は樹脂の諸特性が時間と温度に大きく影響される性質（粘弾性特性）を考慮した粘弾性シミュレーション解析が必要不可欠であるとの強い思いから、上司・上長を説得し粘弾性解析の研究に従事できた。その際の上長からの条件は、「君一人でやれ、期限もある！」だった。経緯は省略するが、体調を壊しながらも足掛け8年程度で粘弾性解析ソフト（Visco-Elastic Stress Analysis Program, VESAPと名付けた）を開発した。このVESAP開発に当たっての筆者の強い思いは、専門性のない研究・技術者が簡便かつ迅速に活用でき、かつ製品開発の即戦力としての実用性・有効性が高いツールであることに主眼をおいた。もちろん、解析ソフトの内容や考え方の根底には粘弾性理論がある。

その後、エレクトロニクス部品や電子デバイス、樹脂基板などエレクトロニクス分野に関る多くの企業の方から、技術相談を受けた。それは、各種電子デバイスや多様な樹脂基板等の開発に当たって、反り変形防止のためにはどのような樹脂材料が最適か、どんな物性が関与しているのかなど具体的で緊急性のある問題であるが、そのいずれも樹脂がらみの課題であった。このVESAP解析技術は、エレクトロニクス分野の技術者が簡便かつ迅速に材料や構造、熱プロセスの最適化設計の指針となり、新製品、新技術の開発期間短縮化が実現できる有益なツールになるものと自負している。本書が樹脂を含むエレクトロニクス分野の技術者や大学若手研究者らにとって、少しでも研究開発にお役に立てれば筆者にとって望外の喜びである。

いささか私事ではあるが、筆者と粘弾性との繋がりは、㈱日立製作所から金沢工業大学教授に転職された宮野 靖先生や、慶應義塾大学名誉教授で日本機械学会副会長をされた國尾 武先生との出会いである。日立で早朝から深夜まで通常勤務をしながら、工学博士の学位も取得できたのは両先生との出会いの幸運とご指導の賜物である。もちろん、筆者も家庭を返りみず休日に寝食を忘れて必死で研究論文の執筆や学会発表をしたが、両先生の研究に対する情熱や温かいお人柄、厳しくも懇切丁寧なご指導がなければ今日の筆者はなかった。つばを飛ばしながら2、3時間でも平気で講義される國尾先生。酒を一滴も口にされないが、研究への取組みには妥協を許さない熱い情熱と厳しさの中に、深い人情と温かい心を待たれる宮野先生。両先生の思い出は尽きないが、改めて両先生には深甚なる感謝の意を表したい。

また、日立時代では通常の研究も多忙で、かつ粘弾性解析には筆者の研究所外にあるスーパーコンピュータを借りる等、解析ツールの性能や使用上の制約もあった。また、VESAPを筆者が開発したものの、実物と解析との整合性や適用限界等で「もやもや」していた当時の疑問点を、大学ではゼミ学生や院生と基礎基本から検討してきた。大学在籍中の筆者のゼミ学生は141名であるが、これらの学生諸君にも感謝したい。新型コロナ禍の今、彼らはそれぞれの職場で活躍しているが、今後のさらなる活躍を期待したい。

最後に、前述の宮野靖先生と国尾武先生はじめ、当時スポンサーとして製造現場からご指導いただいた前述の日立武蔵工場（その後、日立電線工場技師長）の村上元博士には特に感謝の意を表したい。同博士は半導体分野で日立のみならず世界をリードされた大家で、CSPパッケージの名付け親でもある。また、本著の出版に際して終始ご指導いただいた株式会社技術評論社の関係各位、とりわけ編集部の菊池陽太氏には厚く謝意を表する次第である。

令和4年3月吉日

著　者

エレクトロニクス部品実装のためのはじめての粘弾性解析　目次

まえがき ―― 3

第1章　半導体の基礎　11

1.1　半導体の発展 ―― 11
1.2　半導体材料の解析について ―― 14

第2章　高分子材料の基礎　18

2.1　高分子材料 ―― 18
2.2　高分子材料の種類と分類 ―― 19
2.3　高分子材料の一般的性質 ―― 24
2.4　まとめ ―― 25

第3章　弾性論の基礎と有限要素解析　26

3.1　弾性と粘弾性 ―― 26
3.2　応力とひずみ ―― 27
3.3　有限要素解析（FEM 解析） ―― 28
3.4　弾性体の支配方程式 ―― 30
3.5　弾性破損の法則 ―― 32

第4章　粘弾性の基礎　34

4.1　はじめに ―― 34

4.2 弾性と粘性および粘弾性 35
4.3 応力とひずみ 37
4.4 粘弾性特性を表す力学的モデル 40
4.5 クリープと応力緩和の概念式 43
4.6 マスター曲線と時間−温度換算則 46
4.7 マスター曲線の近似 47
4.8 重ね合わせの原理と基礎方程式 49

第5章 動的粘弾性の原理 51

5.1 動的粘弾性と静的粘弾性 51
5.2 動的粘弾性の測定原理 52
5.3 複素弾性率と力学モデル 53
5.4 周波数による分散と吸収 55
5.5 実際の測定事例 57

第6章 半導体パッケージの設計課題 59

6.1 はじめに 59
6.2 半導体パッケージの動向と課題 60
6.3 粘弾性の解析ソフト 62
6.4 VESAP 開発の考え方 64
6.5 基礎式の誘導 64

第7章 エポキシ系樹脂と金属からなる積層体の事例 68

7.1 はじめに 68
7.2 積層体の構成 69
7.3 解析方法 76
7.4 積層体の冷却実験 77
7.5 解析結果と実験値 78
7.6 まとめ 82

第8章 汎用の半導体パッケージへの応用 83

8.1 はじめに 83
8.2 半導体パッケージの構造 83
8.3 3層の粘弾性積層体モデル 85
8.4 VESAP解析による反り変形挙動の解明 86

第9章 CSP-μBGAへの応用 98

9.1 CSP-μBGAの構造とモデル化 98
9.2 解析に用いた材料物性地 100
9.3 VESAP解析と材料および構造の最適化設計 102

第10章 積層体の解析事例 108

10.1 はじめに 108

10.2　エポキシ樹脂／FR-4 基板からなる積層体 ―― 109
10.3　実験方法 ―― 110
10.4　解析に用いた物性値 ―― 111
10.5　結果と考察 ―― 113
10.6　金属／エポキシ樹脂／FR-4 基板からなる 3 層積層体 ― 117

第11章 より複雑な積層体の解析事例　124

11.1　4 層積層体の解析実験 ―― 124
11.2　構成材料の物性値 ―― 125
11.3　結果と考察 ―― 129

第12章 樹脂の硬化収縮を考慮した反り変形予測法　135

12.1　はじめに ―― 135
12.2　検討手順と考え方 ―― 136
12.3　VESAP 解析の内容 ―― 138
12.4　硬化反りを求める簡易予測式 ―― 140
12.5　反り変形の実験 ―― 145
12.6　硬化と熱による反り変形の理論的予測 ―― 148

第13章 樹脂の粘弾性特性に及ぼす熱劣化の影響　152

13.1　樹脂の劣化について ―― 152
13.2　熱劣化挙動の測定方法 ―― 153
13.3　熱劣化挙動の測定結果 ―― 154

13.4　熱劣化と製品の信頼性について　159

第14章　粘弾性体の反り変形の簡易評価法の定式化　161

14.1　簡易評価法について　161
14.2　簡易式の導出　162
14.3　実験方法　166
14.4　樹脂の硬化温度の決定　167
14.5　簡易評価法の妥当性検証　169
14.6　おわりに　172

第15章　粘弾性体の残留応力と変形に関する光学的簡易評価法　173

15.1　はじめに　173
15.2　光粘弾性モデルによる基礎式の誘導　176
15.3　線形光粘弾性理論による基礎式の誘導　179
15.4　光学的簡易測定法の実験的検証　183
15.5　光学的簡易測定法の理論的検討　189

参考文献　206
索引　212

第1章

半導体の基礎

1.1　半導体の発展

昨今のスマートフォンや携帯電話、タブレットや iPad、ノート PC などの各種エレクトロニクス機器には多様な半導体パッケージや電子デバイスが使われている。昨今は、これらのエレクトロニクス機器の開発に当たって、新規材料や製造方法の開発と共にその実装技術の最適化も多岐にわたり企業間での製品開発競争力も熾烈を極めている。エレクトロニクス機器に多用されている半導体パッケージの基本性能は、LSI（大規模集積回路）チップとプリント基板とを効率的に接続させる機能と LSI チップを使用環境条件下で保護する機能がある。これらは電子機器の機能や LSI の機能に直結し、したがって半導体パッケージを形成する各種材料の選定や信頼性の高い製造条件の選定において最適化が求められる。また同時に、半導体パッケージの形状や規格においても世界的標準化を見据えた最適設計化が将来にわたって電子産業の発展に繋がる基幹技術と思われる。

このような背景から、半導体パッケージの実装形態も**図 1-1** に示すような変遷を遂げてきた。すなわち、図示のように 1970 年代は半導体パッケージをプリント基板にあらかじめ設けた穴にピンを挿入してはんだ接合するピン挿入実装型であったが、1980年代には薄型化を狙ってプリント基板の表面にはんだ接合する表面実装型へと変化し、1990年代にはさらに薄型小型化を狙ってプリント基板へ多数の半導体パッケージを搭載できる（高密度実装が可能となる）ようにエリアアレイ実装型へと変遷してきた。ここで各種実装型を代表する半導体パッケージの例としては、ピン挿入型にはDIPやPGA、表面実装型にはQFP、TSOP、SOJ、エリアアレイ実装型にはBGAやCSPがある。

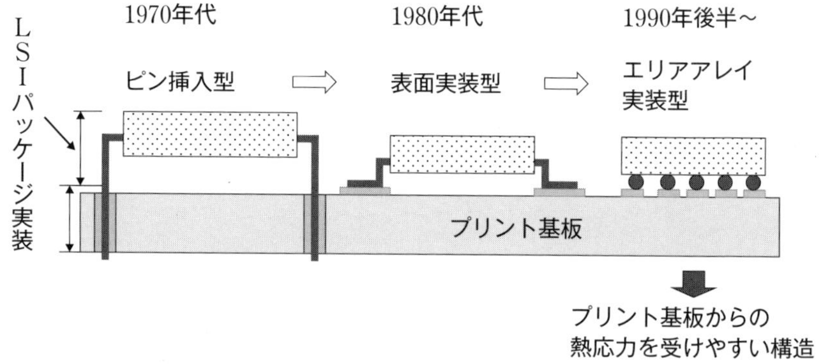

図 1-1　LSIパッケージの形状変遷

それに伴って半導体パッケージの形状や構造も**図 1-2**に示すように著しい変遷を遂げ、究極の軽薄短小化を実現するCSP（Chip Scale Package、チップのサイズまで小さくしたパッケージ構造のこと）の構造形態に至った。同図すなわち、初期のパッケージ形態はDIP（Dual In−Line Package）に代表されるピン挿入型からQFP（Quad Flat Package）に代表される表面実装型へと変化し、さらに極限まで小型薄型化されたCSPパッケージへと変遷してきた。また、パッケージ厚さもメモリーカードなどの用途から実装高さを1mm程度と薄いTSOPなどを経てプリント基板の底部に多数のはんだボールを配置したBGA型のCSPパッケージへと開発が進み、このようなCSP構造をした各種の半導体パッケージが現在のスマートフォンや携帯電話、タブレットやノートパソコンなどの情報端末機器に多用されている。また、これらに用いるLSIチップサイズも製品によって異なるが、一般に15mm×30mm程度から5mm×10mmなどと面積が小さくなり厚さも0.4mm程度から0.05mm程度と薄くなっている。

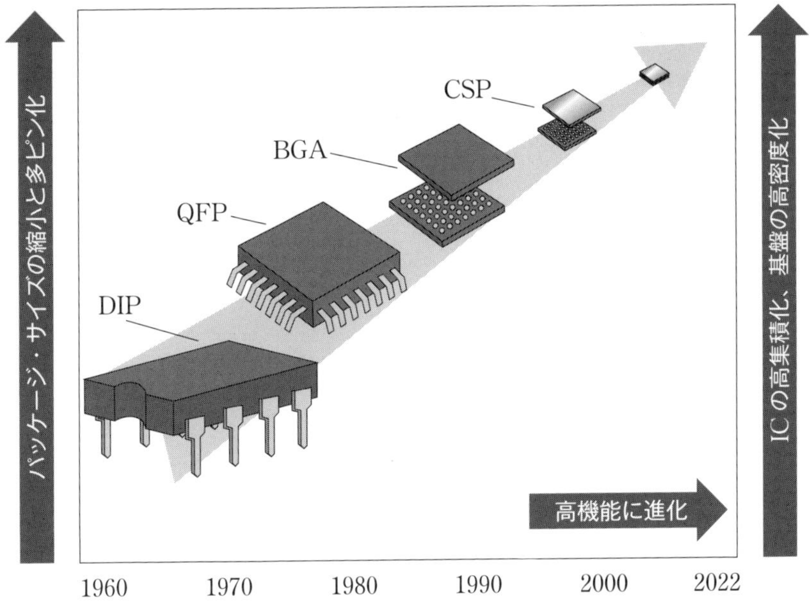

図1-2　半導体パッケージ外部構造の変遷

昔の半導体パッケージ（DIP、QFP他）は、一般にLSIチップや金属製リードフレーム、はんだ、アンダーフィルや封止樹脂など性質の異なる多くの異種材料から構成されている。しかし、最近のエレクトロニクス機器にはCSP構造の半導体パッケージが多用され、その一例を**図1-3**に模式的に断面構造で示す。(a) はFCA（Flip Chip Attach）という接触型ICカードなどに使われる超薄型構造の断面図で、(b) はTOP（Tape On chip Package）と呼ばれる携帯電話用のICやノートパソコンに使われる多ピンで軽量な構造の実装体の断面図である。LSIチップの外力からの保護や熱応力によって発生する亀裂防止、および半導体パッケージ自体の反り変形の防止のために、エラストマ樹脂が用いられている。

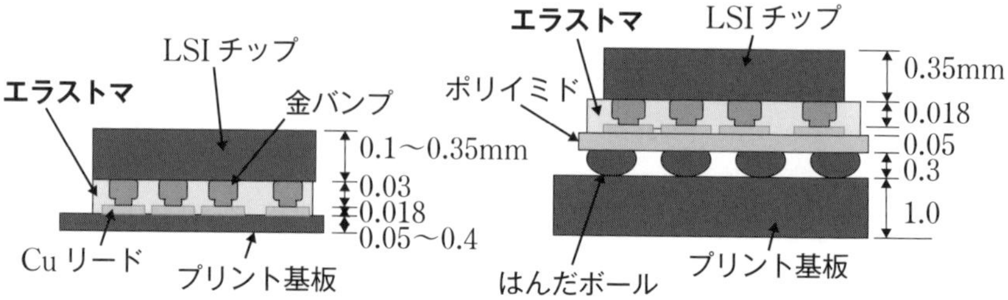

(a) FCA（Flip Chip Attach）実装体　(b) TOP（Tape On chip Package）実装体

図 1-3　用いたLSIパッケージの断面例

1.2　半導体材料の解析について

一般に、封止樹脂やエラストマ、アンダーフィル樹脂は、金属やセラミックスと違って、その熱的・力学的性質が時間と温度によって大きく変化する、いわゆる粘弾性の性質を有する材料である。この粘弾性挙動が最終的に製造・市販されるエレクトロニクス機器等の性能や信頼性に大きく影響する。これらの性能や品質、信頼性を左右するのが樹脂の力学的挙動と言っても差し支えない。したがって、採用する樹脂の粘弾性挙動を適正に把握しておくことが高品質で信頼性の高いエレクトロニクス機器にとっては必要不可欠である。半導体パッケージは、一般にシリコンウエハーから作成したLSIチップを金属フレームや薄い基板の所望の箇所に設置し、Au線で接続導通させた後にトランスファー成形等（第2章で解説する）でLSIチップ全体を樹脂で封止し、いわゆる半導体パッケージを形成する。その後、この半導体パッケージの底部にはんだボールを形成し導通状態のプリント板と接合する。この際にはんだボールを250℃程度に加熱溶融して接合する。製造の効率化のために自動搬送してパッケージ全体を加熱し溶融したはんだで接合するが、この工程を一般にはんだリフロー工程と呼ぶ。このような工程で半導体パッケージは 250℃ 程度の熱が負荷され半導体パッケージ内部には大きな熱応力や反り変形が発生する。そして、これらの熱応力や反り変形が CSP 構造の半導体パッケージの信頼性や品質低下の原因となるため、用いる樹脂の設計・選択や熱を負荷する製造プロセス、CSP 構造の最適化設計が必須である。

また**図 1-4** には CSP 構造をした半導体パッケージをプリント基板に搭載した、いわゆる実装体について、230℃ ではんだ付けした実装体が室温にまで温度低下した際に各種材料の熱収縮に伴う熱応力や反り変形などの不良発生の要因を模式的に示した断面図である。このように各種の熱負荷によって半導体パッケージには不良因子が多くあり、それらを防ぐために要因分析などによって材料や構造の最適化が求められるのである。

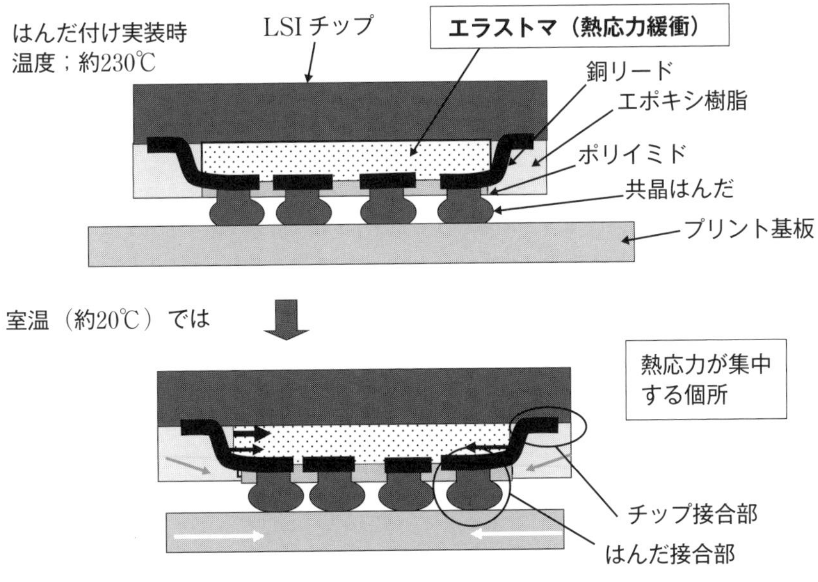

図 1-4　温度変化によるエラストマの応力

また、近年ではWLP（Wafer Level Package）やPLP（Panel Level Package）と呼ばれる大型、大面積での半導体パッケージや電子デバイスの製造方法が、プロセスの効率化やコスト削減のために注目されている。

そこで、これら各種多様な半導体パッケージや電子デバイス等の最適化設計に加え、開発期間の短縮やコスト削減にとって、応力・変形シミュレーション技術の活用が今や必要不可欠である。応力・変形シミュレーション技術を駆使することで、CSPパッケージなどに用いる材料や熱プロセス、および構造・形状の最適化設計が可能となり、かつエレクトロニクス機器の品質や性能、信頼性を確保したうえで、その開発期間の大幅な短縮が実現でき、各企業における製品競争力強化の大きな武器となる。

筆者が半導体パッケージや電子デバイスの研究開発に従事していた際は、主に有限要素法（FEM：Finite Element Method）による弾塑性解析が主流であり、この解析手法を樹脂に用いたことで多くの失敗体験をした。例えば、FEMによる反り変形の解析結果が、実物の反り方向と逆であったり、反り変形の数値が実物と大きく異なったりなどの事例が起こった。これをきっかけに筆者は、粘弾性解析の必要性を痛感し研究遂行したという経緯がある。

図1-5に示す光粘弾性しまからもわかるように、熱のかけ方や冷却速度も樹脂内の残留熱応力や反り変形にも大きく影響する。すなわち、同図でしまの間隔が狭い箇所は大きい熱応力が残留していることを意味しており、このような光粘弾性しまからも樹脂亀裂の箇所や基板実装時の反り変形原因を明らかにできる。

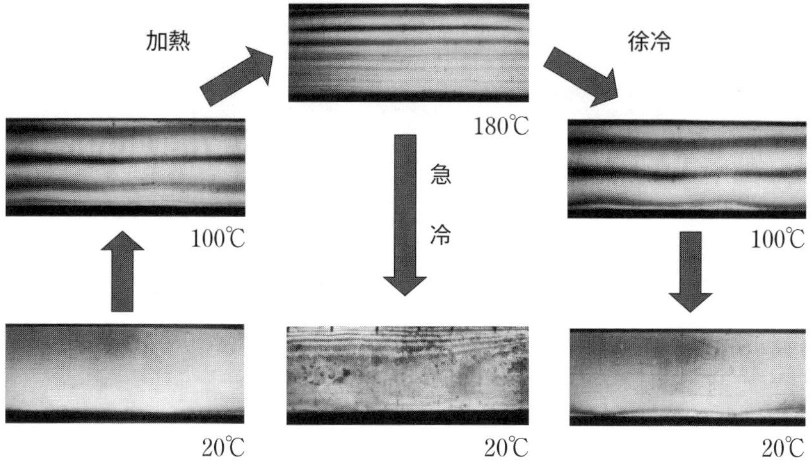

図 1-5　加熱および冷却によるしまと応力の変化

このような背景や動機から、大学の学部生や院生、また樹脂を扱う企業等で仕事をされる方々にもわかりやすく粘弾性力学の基礎的内容を記述し、同時に各企業の開発研究や技術者の方々にとっても製品開発の有効となる実践的で実用的な具体事例をできるだけ多く盛り込んで記述した。

第2章

高分子材料の基礎

2.1　高分子材料

高分子材料（プラスチック材料と呼ぶこともある）は、金属材料やセラミックスに代表される無機材料とならんで我々の社会生活の上で重要な役割を示す有機材料である。プラスチックとは、JIS6900によると“高分子物質を主原料として人工的に有用な形状に作られた固体で、繊維、ゴム、塗料、接着剤などは除外される”と定義されている。高分子物質とは分子量が大きい物質のことであり、この高分子物質に改質剤、着色剤、充填材や強化材などが添加されて、所望の形状をした金型を用いて射出成形法などで成形加工され固体となったものがプラスチックである。

プラスチックの原材料は石油からの蒸留分離生成物であるナフサである。このナフサから同種で小さい分子の化学成分であるモノマーが得られる。モノマーが多数結合して構成される重合体がポリマーと呼ばれるものである。つまり、低分子（モノマー）が多数集まって高分子（ポリマー）という薄くて強いシートのような固体になる。高分子は極めて分子量の大きい分子の集合体で、一般に分子量10,000以上がその目安である。モノマーであるエチレンは、一般にCH_4で表され、これが化学反応によって多数つながったものがポリエチレンというポリマーになる。その意味では、高分子材料はポリマー材料であり、それを使って成形物にしたものがプラスチックといっても差し支えないと思うが厳密には専門書をご一読願いたい。

ここでは、広義の意味でプラスチック材料や高分子材料と呼ぶ。そこで、我々の日常生活で多数利用している高分子材料の種類や分類などの概要を勉強したい。

2.2 高分子材料の種類と分類

プラスチック材料は日常雑貨からテレビ、エアコンなどの家電製品、自動車部品や航空機部品に至るまで広範囲に用いられている。さらにはガラス繊維やカーボン繊維で強化したいわゆるGFRPやCFRPなども軽量高強度な材料として広範囲に使用されている。また、近年ではエレクトロニクス産業の発展により携帯電話やノートパソコン、スマートフォンやiPadなどに用いる電子デバイスや半導体パッケージ、さらには実装基板等エレクトロニクス技術の発展により各種の電子情報機器にも多用されてきている。

プラスチック材料は多種多様であり、大きく分類すれば、初めから高分子の物質になっていて加熱すると溶融して流動状態になる**熱可塑性樹脂**と、使用前には低分子であった物質が加熱すると化学反応して高分子物質へと変化する**熱硬化性樹脂**がある。世の中で使用される高分子材料の多くは熱可塑性樹脂で約85%、残りの15%が熱硬化性樹脂である。自動車部品や家電製品には熱可塑性樹脂が、一方半導体パッケージなどの電子機器には熱硬化性樹脂が用いられている。**図2-1**は、これらのプラスチック材料を大別して代表的な種類や分類をまとめたものである。熱可塑性樹脂は汎用プラスチック、汎用エンジニアリングプラスチッ

- 熱硬化性樹脂
  - フエノール樹脂（PF）
  - ユリア樹脂（UF）
  - メラミン樹脂（MF）
  - エポキシ樹脂（EP）
  - 不飽和ポリエステル樹脂（UP）
  - ポリウレタン（PU）
  - ジアリルフタレート樹脂（PDAP）
  - シリコーン樹脂（SI）
  - アルキド樹脂
- 熱可塑性樹脂
  - 汎用プラスチック
    - ポリエチレン（PE）
    - ポリスチレン（PS）
    - AS 樹脂（AS もしくは SAN）
    - ABS 樹脂（ABS）
    - ポリプロピレン（PP）
    - 塩化ビニル樹脂（PVC）
    - メタクリル樹脂（PMMA）
    - ポリエチレンテレフターレ（PET）
  - 汎用エンジニアリングプラスチック
    - ポリアミド（PA）
    - ポリカーボネート（PC）
    - ポリアセタール（POM）
    - 変性ポリフェニレンエーテル（m−PPE）
    - ポリブチレンテレフタレート（PBT）
  - スーパーエンジニアリングプラスチック
    - ポリフェニレンサルファイド（PPS）
    - ポリアリレート（PAR）
    - ポリサルホン（PSF）
    - ポリエーテルサルホン（PES）
    - ポリエーテルエーテルケトン（PEEK）
    - ポリエーテルイミド（PEI）
    - 液晶ポリマー（LCP）
    - ポリイミド（PI）
    - ポリフタルアミド（PPA）
  - その他の樹脂
    - ふっ素樹脂
    - 超高分子重ポリエチレン（UHMWPE）
    - 熱可塑性エラストマー
    - ポリメチルペンテン（PMP）
    - 生分解プラスチック
    - ポリアクリロニトリル
    - 繊維素系プラスチック

図 2-1　プラスチックの分類

ク、スーパーエンジニアリングプラスチック、およびその他の樹脂に分類できる。

(1) 熱可塑性樹脂

プラスチック材料はポリエチレンやポリプロピレンのような汎用プラスチックと、ポリカーボネートやポリアミドのような機械的特性や耐熱性などが比較的優れたものがエンジニアリングプラスチック（エンプラ）である。これら汎用プラスチックにも熱可塑性樹脂と熱硬化性樹脂に分類される。中でもポリエチレン（PE）は、プラスチック素材の中において最も原料価格が安く、加工しやすい素材の一つで、例えば高圧力で金型に注入する射出成形や押出成形、ブロー成形といったプラスチック加工とも相性がいい素材である。こうした加工のしやすさや安価な点で大量生産される製品や素材に適しており、ラップやフィルム、食品容器や農業用フィルムなどのシート状のものから、バケツや洗面器といったシンプルな雑貨類や灯油缶からサンダルに至るまであらゆるもののプラスチック素材として使用されている。また、ポリプロピレンは、一般家庭で使用される家電製品や文房具、自動車用のパーツ、おもちゃやスポーツ用品など幅広い用途がある。さらには、単純なプラスチック成形品だけではなく速乾性もあることから、繊維素材として衣類や使い捨てオムツ、カーペットやロープ、下着や靴下、アンダーシャツなどにも使われている。加工が容易で薄くできるということからフィルムやシートとしても使用される。例えば家電製品では、食器洗浄機や洗濯機が、もっと製造工程が簡単なものではゴミ箱やバケツ、DVD ケースなどの素材として親しまれている。

熱可塑性樹脂は簡単に言えば、加熱すれば軟化してその後溶融し流動性を帯び、冷却すると硬化するが、これらの過程は完全な可逆的でリサイクルが可能な樹脂である。熱可塑性樹脂の成形法は、一般に射出成形法である。**図 2-2** は、射出成形プロセスの概要を示したものである。

同図の 5 つの工程について簡単に説明する。まず、①の型締めでは、成形する金型を閉じる。②の射出では、シリンダ内のヒータで所望の温度（200 数十℃程度）で溶融した樹脂を油圧モータで射出油圧シリンダを作動させて①の金型内に注入（射出）する。③の保圧では、金型内に注入した樹脂を一定の圧力で保持する。④の冷却（固化、可塑化）では、予め低温（80℃程度）に保持した金型内で高温の樹脂を固化させると共に、次の射出工程のために樹脂を混錬・溶融する準備をする。最後の⑤の離型では、金型を開いて固化した製品（成形品）を取り出す。以上のような工程が射出成形である。この一連の工程では製品の大きさにもよるが一般に数十秒から 1 分程度であるので、大量生産が可能となり最も多用されている成形法である。

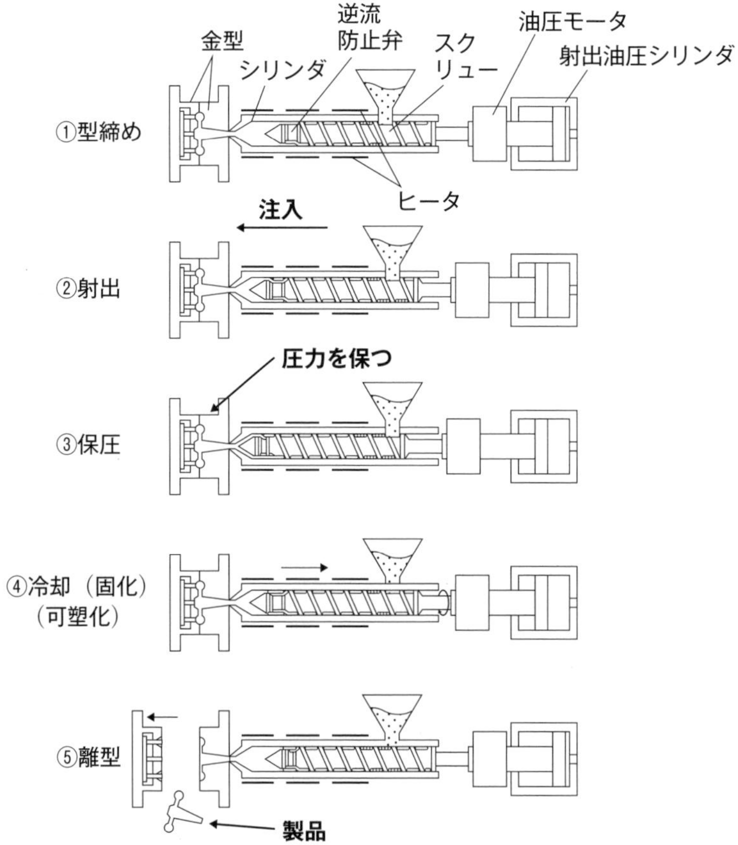

図 2-2　射出形成法のプロセス

(2) 熱硬化性樹脂

熱硬化性樹脂には、図2−1のようにエポキシ樹脂やフェノール樹脂、ユリア樹脂などがある。熱硬化性樹脂は簡単に言えば、加熱すれば反応により架橋が進んで硬化し、後で再加熱しても柔らかくならない樹脂である。また、かなりの高温に加熱すれば、架橋結合が切断されて炭化・劣化してしまう。熱可塑性樹脂に比べると一般に耐熱性や機械的強度、寸法安定性などの諸特性が優れているが脆いという性質がある。半導体デバイスなど電子機器に用いられる樹脂はこの熱硬化性樹脂で、中でもエポキシ樹脂が代表的である。半導体パッケージ内部のLSIチップを封止する樹脂には、一般にシリカなどを充填した**エポキシ樹脂**が用いられており、その製造方法には**図2-3**に示すトランスファ成形法（移送成形法）が用いられることが多い。この成形法は、予めタブレット上に固めた樹脂を高周波で90℃程度に予熱したあと、トランスファ成形機のポットと呼ばれる穴部にタブレットを投入しプランジャで金型に形成したキャビティ部にランナを通って樹脂を注入する。次いで、金型内で一定時間保持した樹脂は硬化し成形品となる。なお、金型を開いて成形品を取り出したあと、カルやランナは捨てることになる。

また、特に半導体パッケージや電子デバイス等のエレクトロニクス部品には、その用途に応じて多種多様な形態をしたシリカを充填したエポキシ樹脂が多用されている。

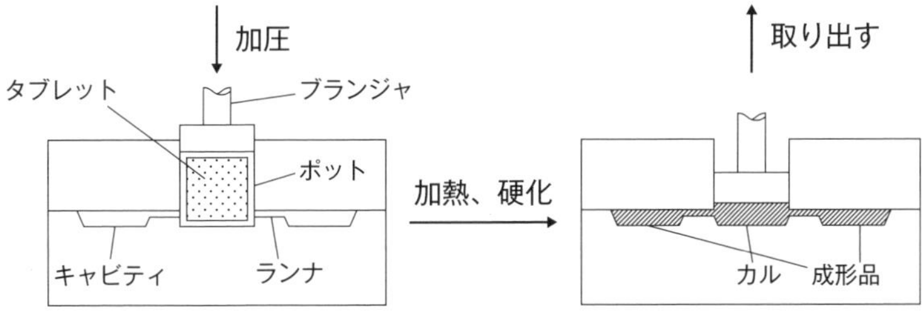

図2-3　トランスファ成形のプロセス

2.3　高分子材料の一般的性質

プラスチック材料は、金属やセラミックスと比較して機械的強度や熱的特性が著しく劣る。その反面、軽量で安価であり大量生産に向いている。また、高価ではあるが軽量であることを活かしてガラス繊維やカーボン繊維などを充填した繊維強化プラスチックなど軽量高強度材料としての複合材料の用途も多くなっている。

プラスチック材料の特徴は、後章で詳しく述べるが、応力緩和現象とクリープ現象である。すなわち、プラスチック材料の熱的・機械的性質が時間と温度の影響を大きく受ける性質、すなわち粘弾性の性質を有することである。変形が比較的小さい範囲においては、低温での力学的挙動が弾性的でありいわゆるフック則（Hooke's law）、$\sigma = E\varepsilon$ が成り立ち、応力 σ はひずみ ε に比例し、比例定数 E は弾性係数である。この関係は通常「**ばね**」で表現される。一方、高温では粘性的挙動が優先的となり、ニュートン則（Newton's law）、$\sigma = \eta d\varepsilon/dt$ が成り立ち、応力 σ はひずみ速度 $d\varepsilon/dt$ に比例し比例定数 η は粘性係数または粘度である。この関係は通常**ダッシュポット**または**ダンパー**で表現される。この弾性のばねと粘性のダッシュポットの両方の性質を兼ね備えた特性を**粘弾性**という。

プラスチック材料の弾性係数 E の温度依存性を調べると、一般に低温では弾性係数が大きい領域（**ガラス状領域**）から、温度上昇に伴って弾性係数が低下する領域（**粘弾性**または**皮革状領域**）を通って軟らかくなる領域（**ゴム状領域**）へと変化する。また、熱可塑性樹脂の場合にはゴム状から粘性流動状態になり液体へと変化する。ここで、このガラス状領域からゴム状領域へと変化（軟化）する温度を一般に**ガラス転移温度**とよぶ。

後章で述べるような、電子機器に用いる半導体パッケージなどでは、LSI チップを保護するために樹脂で封止するが、ここで用いる樹脂の粘弾性特性が半導体パッケージなどの電子機器の反り変形や強度信頼性を大きく左右することになり、特に重要な問題となる。

2.4 まとめ

高分子材料（プラスチック材料）は日常品から航空機に至るまで多様な用途に使われている。またその種類や分類も無数にある。その代表的なものが熱可塑性樹脂と熱硬化性樹脂であろう。これらの樹脂はそれぞれの用途や目的によって使い分けられる。

いずれの高分子材料においても、金属やセラミックスの性質とは大きく異なる。その特徴が、「粘弾性」であり、時間や温度によって性質が大きく異なる材料である点である。

これらの高分子材料の中で、エレクトロニクス分野における半導体パッケージなどの電子デバイスには、シリカなどの充填剤を多量に含有したエポキシ樹脂が多用されている。これらのエポキシ樹脂も近年の電子デバイスや実装基板の製法の発展により、エポキシ樹脂等の材料も大きく様変わりする傾向にある。いずれにしろ、有機材料である樹脂は複雑な粘弾性挙動を有していることから、高信頼で高性能な電子デバイス等のエレクトロニクス製品を作るためには、その材料、構造および熱プロセスの最適化設計が極めて重要であることは言うまでもない。したがって、各種エレクトロニクス製品の開発設計に当たっては、開発期間短縮のみならず、製造コストの低減の上からも、樹脂の粘弾性特性を十分に把握した応力・変形シミュレーション技術が必要不可欠である。

この章では、まず高分子材料とは何かについての概念を知り、その種類や分類の基礎を知ったうえで、製品開発に当たって粘弾性解析の必要性や重要性を具体的事例に基づいて述べた。なお、高分子材料の合成や化学的反応等に関しては他の書籍等を参考にして頂きたい。

第3章 弾性論の基礎と有限要素解析

3.1 弾性と粘弾性

粘弾性を知るためには、その基礎となる弾性の基礎知識を学ぶ必要がある。一般に機械や構造物の強度設計や構造設計をする上で、シミュレーション技術として最も多用されている数値解析手法に**有限要素法**（FEM：Finite Element Method）がある。この有限要素法による解析（以下、FEM解析と略す）は、次節で述べるような弾性理論が基礎となっている。

本書で述べる粘弾性やその解析手法、粘弾性の基礎式や定式化を理解するうえでも、まず弾性理論の基礎式や概念などの基礎を知っておくことは大いに役に立つ。このような観点から、次に弾性論とFEM解析の基礎について簡単に述べる。

3.2　応力とひずみ

応力とは物体に加えた荷重を単位面積で割った値である。ひずみとは伸びた（あるいは縮んだ）寸法を元の寸法で割った値である。すなわち、荷重に対して物体に生じる単位面積当たりの力が応力である。また、ひずみは長手方向のひずみ（ε）と短手方向のひずみ（ε'）があり、その比（ε'/ε）をポアソン比νという。さて、弾性論に基づくFEM解析に当たっては、一般に次のような仮定をおく。

(1)　解析の対象とする物体は、完全な弾性体である。すなわち、物体に負荷すれば変形するが、負荷を除けば完全に原形に復元する性質をもつ。

(2)　材料は、均質でかつ等方性を有する。すなわち、どの場所を取っても同じ性質で、異方性はない。

(3)　物体に負荷したときのひずみは小さく（変形も微小）、比例関係にある。線形性を有する。

一般に、物体に外力を負荷すれば物体内部には応力σが発生する。**図3-1**に示すサイコロのような立方体要素を考えたとき、立方体の各面には3種類の**垂直応力成分**と、面に平行な6種類の**せん断応力成分**が生じる。すなわち、3個の垂直応力、σ_x、σ_y、σ_zと、6個のせん断応力、τ_{xy}、τ_{yx}、τ_{yz}、τ_{zy}、τ_{zx}、τ_{xz}で、これらの応力は大きさと方向を持つ合計9個の応力ベクトルである。ここで、立方体要素は釣り合い状態にあることから、$\tau_{yx}=\tau_{xy}$、$\tau_{xz}=\tau_{zx}$、$\tau_{zy}=\tau_{yz}$が成り立ち、結局、全応力は6個である。

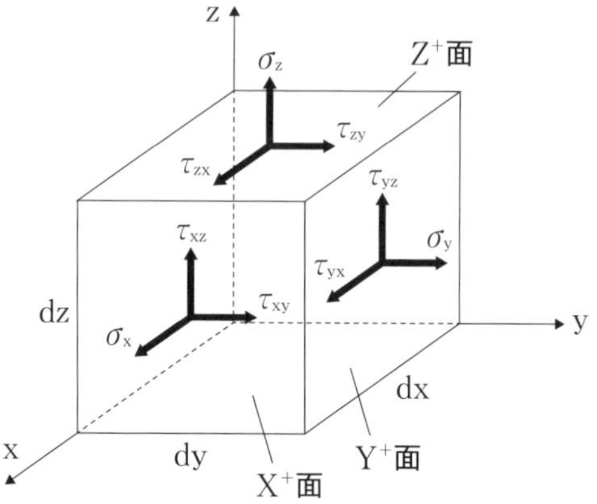

図 3-1　直角座標応力成分

3.3　有限要素解析（FEM 解析）

(1)　FEM 解析とは

前述のように物体に外力を負荷すると、物体内部には応力やひずみ、および変形が発生する。FEM 解析は、種々の構造物にいろいろな外力が作用した場合に構造物内部に発生する応力やひずみ、および変形を求めるための一つの数値解析手法である。この手法は、コンピューターの急速な性能向上に伴い工業問題の数値解析法として認知され、近年の計算力学の隆盛に大きく貢献している。1950 年代にマトリックス法で構造力学における応力解析に用いられたのが最初である。FEM 解析はもっぱら航空機、船舶等の大形構造物の強度計算の分野で利用されてきたが、これが偏微分方程式の一解析手法であることがわかり、応用分野も電磁界や熱伝導、および流体や空気の流れなどのシミュレーションとして広範な物理現象や工学分野の解析などに拡大されている。

⑵ FEM 解析の概念

FEM 解析の概念を説明する。まず、解析対象とする物体の領域を要素分割する。要素の種類は沢山あるが、三角形や四角形などの要素で分割される。次いで、各要素に対してエネルギー原理等で定式化し、要素毎の要素剛性方程式を導く。そして、それらの各要素剛性方程式を全ての領域にわたって集合し、最終的に連立方程式を解くことによって応力、ひずみおよび各要素の角（**節点**）の変位を求めることになる。すなわち、外力の前後の節点座標の移動量から物体の変形量がわかる。なお、物体の領域を要素分割する際にはどうしても物体の形状を近似することになる。領域の厳密さは増すためには、自動メッシュ分割ソフトで簡単に要素分割数を多くすることは可能であるが、他方、分割の要素数や節点数が無限に多くなると、解析前の準備や計算等が煩雑になる割には計算精度にも限界があることを筆者も経験していることから、適正な分割数にすることが望ましい。

実際の FEM 解析に当たっては、大きく分けて 3 段階の手順がある。まず、プリプロッセシングという準備段階では次の条件を決める。①対象物の形状や寸法などの要素分割データ、②弾性係数や線膨張係数、ポアソン比などの材料物性値、③拘束条件、④熱や外力などの荷重条件を入力する。次いで、先の弾性理論や方程式に基づいて FEM 解析を行う。解析ソフトは ADINA、MARC、ANSYS など多くのソフトが市販されている。そして最後に、ポストプロセッシングとして、①節点の変位、②ひずみ、③応力の 3 つの解析結果が出力される。

いずれにしろ、FEM 解析には一長一短があり、樹脂のような粘弾性挙動を示す材料には不向きであり、FEM 解析の限界や使用目的をしっかりと認識しておく必要がある。

3.4 弾性体の支配方程式

応力成分、ひずみ成分および変位成分の関係は、次の３つの式に分けられる。

(1) 釣り合い方程式

応力成分は、σ_x、σ_y、σ_z、τ_{xy}、τ_{yx}、τ_{yz}、τ_{zy}、τ_{zx}、τ_{xz} の９個で次式が成り立つ。

$$\frac{\partial \sigma_{xx}}{\partial_x}+\frac{\partial \tau_{yx}}{\partial_y}+\frac{\partial \tau_{zx}}{\partial_z}+F_x=0 \qquad (3.1)$$

$$\frac{\partial \tau_{xy}}{\partial_x}+\frac{\partial \sigma_{yy}}{\partial_y}+\frac{\partial \tau_{zy}}{\partial_z}+F_y=0 \qquad (3.2)$$

$$\frac{\partial \tau_{xz}}{\partial_x}+\frac{\partial \tau_{yz}}{\partial_y}+\frac{\partial \sigma_{zz}}{\partial_z}+F_z=0 \qquad (3.3)$$

ここで、F_x、F_y、F_z は微小立方体に作用する体積力で、その x、y、z 方向成分である。なお、ここでは省略するが、これらの釣り合い方程式は仮想仕事の原理（principal of virtual work）と等価である。仮想仕事の原理を一言でいえば、任意の形状の弾性体に任意の荷重を負荷した場合に物体は変形する。この変形した物体に与えられた仮想変位による外部仮想仕事が、内部エネルギーの増分すなわち内部仮想仕事に等しいことを示したものである。

(2) ひずみ―変位関係式

物体に負荷が作用すれば変形やひずみが生じる。変形が生じることは変位成分があり、ひずみ成分も生じる。x、y、z 方向の変位成分をそれぞれ、u、v、w とし、ひずみ成分を ε_x、ε_y、ε_z、γ_{xy}、γ_{yz}、γ_{zx} とすれば、両者には次の関係がある。

$$\varepsilon_x = \frac{\partial u}{\partial x},\ \gamma_{xy} = \frac{\partial v}{\partial x} + \frac{\partial u}{\partial y} \tag{3.4}$$

$$\varepsilon_y = \frac{\partial v}{\partial y},\ \gamma_{yz} = \frac{\partial w}{\partial y} + \frac{\partial v}{\partial z} \tag{3.5}$$

$$\varepsilon_z = \frac{\partial w}{\partial z},\ \gamma_{zx} = \frac{\partial u}{\partial z} + \frac{\partial w}{\partial x} \tag{3.6}$$

(3) 応力―ひずみ関係式

応力とひずみの間には次の関係がある。

$$\varepsilon_x = \frac{1}{E}\{\sigma_x - \nu(\sigma_y + \sigma_z)\} \tag{3.7}$$

$$\varepsilon_y = \frac{1}{E}\{\sigma_y - \nu(\sigma_z + \sigma_x)\} \tag{3.8}$$

$$\varepsilon_z = \frac{1}{E}\{\sigma_z - \nu(\sigma_x + \sigma_y)\} \tag{3.9}$$

$$\gamma_{xy} = \frac{2(1+\nu)}{E}\tau_{xy} \tag{3.10}$$

$$\gamma_{yz} = \frac{2(1+\nu)}{E}\tau_{yz} \tag{3.11}$$

$$\gamma_{zx} = \frac{2(1+\nu)}{E}\tau_{zx} \tag{3.12}$$

ここで、$G = \dfrac{E}{2(1+\nu)}$

G：横弾性係数(lateral elastic modulus)、またはせん断弾性係数

以上のことから、6 個の応力成分と 6 個のひずみ成分、および 3 個の変位成分の合計 15 個の未知数を、15 の方程式で求めることができる。

3.5　弾性破損の法則

弾性体が破損する条件には次の諸説がある。

(1) 降伏条件

応力の値がどのような組合せに達したときに、延性材料では弾性挙動つまり応力とひずみの線形性が無くなり塑性変形、すなわち降伏する。一方、脆性材料では破壊するかを示す力学的条件を弾性破壊条件（elastic failure criterion）、または降伏条件（yield criterion）という。

(2) 最大主応力説

材料内部に生じるx軸、y軸およびz軸の3つの主応力のうち、どれかが限界値に達したときに破損するという説である。

いま、主応力を$\sigma_1 > \sigma_2 > \sigma_3$のとき、

$$\sigma_1 = \sigma_y \quad (3.13)$$

が破損の条件である。ここで、σ_yは単純引張または単純圧縮のときの降伏応力である。この説は、延性材料には適しているが脆性材料には適さない。

(3) 最大主ひずみ説

材料内部に生じる最大主ひずみが、降伏応力σ_yに対応するひずみε_yとの間で、$\varepsilon_y = \dfrac{\sigma_y}{E}$になると破損するという説である。

いま、ひずみ$\varepsilon_1 > \varepsilon_2 > \varepsilon_3$のとき、

$$\varepsilon_1 = \frac{\{\sigma_1 - \nu(\sigma_2 + \sigma_3)\}}{E} = \varepsilon_y = \frac{\sigma_y}{E} \quad (3.14)$$

が破損の条件である。

(4)　最大せん断応力説

この説は、トレスカの条件式ともいう。3軸状態の主応力が、$\sigma_1>\sigma_2>\sigma_3$ のとき、最大せん断応力 $\tau_{max}=(\sigma_1-\sigma_2)/2$ が、単純引張の降伏応力 σ_y とすれば、

$$\tau_{max}=\frac{\sigma_y}{2} \quad\cdots\cdots\quad (3.15)$$

すなわち、

$$\tau_{max}=\frac{(\sigma_1-\sigma_2)}{2}=\frac{\sigma_y}{2} \quad\cdots\cdots\quad (3.16)$$

が破損の条件である。

(5)　せん断ひずみエネルギー説

この説は、ミーゼスの条件式ともいう。降伏条件は、

$$\bar{\sigma}=\sqrt{\frac{(\sigma_1-\sigma_2)^2+(\sigma_2-\sigma_3)^2+(\sigma_3-\sigma_1)^2}{2}}=\sigma_y \quad\cdots\cdots\quad (3.17)$$

ここで、$\bar{\sigma}$：相当応力、σ_y：単純引張の降伏応力

また、単純引張の場合は、

$\sigma_2=\sigma_3=0$ であるから、

$$\bar{\sigma}=\sigma_1=\sigma_y \quad\cdots\cdots\quad (3.18)$$

となる。

(6)　弾性ひずみエネルギー説

材料内のある点における単位体積当たりのひずみエネルギーが、材料固有の一定値になったとき破損するという説である。

主応力を σ_1、σ_2、σ_3 として、単純引張の最大弾性エネルギーを、$\dfrac{\sigma_y^2}{2E}$ とすると、降伏条件は、

$$U=\frac{\sigma_1^2+\sigma_2^2+\sigma_3^2-2\nu(\sigma_1\sigma_2+\sigma_2\sigma_3+\sigma_3\sigma_1)}{2E}=\frac{\sigma_y^2}{2E} \quad\cdots\cdots\quad (3.19)$$

となる。

第4章

粘弾性の基礎

4.1 はじめに

日常生活で見る大型構造物から精密なエレクトロニクス機器に至るまで、それらを造る材料は多種多様である。とりわけエレクトロニクス機器などの精密機器にはナノからミクロン単位のオーダーの精度が必要とされる半導体パッケージや電子部品がある。これらは少しの熱負荷や外力に対しても大きな反り変形や界面剥離等の不良が生じる。したがって、製品設計に当たっては、反り変形や強度の点から構成材料や構造・形状、さらには製造時の熱プロセスの適正化が必要不可欠となる。

エレクトロニクス機器には多数の半導体パッケージや電子部品が用いられており、特に樹脂の熱的・力学的特性が製品の信頼性を大きく左右する。樹脂は、金属やセラミック材料と違って、その性質が温度や時間の影響を大きく受ける複雑で厄介な性質があり、この性質を粘弾性という。

CSPなどの半導体パッケージやマザーボード・プリント基板等の電子部品には多くの樹脂が用いられている。一般に、LSIチップを保護するための封止材料として、シリカ（SiO_2）などのフィラーを多量に充填したエポキシ樹脂が用いられる。また、多数のはんだボールで半導体パッケージをプリント基板に溶融接合するが、このはんだボールの箇所に応力緩衝用としてエラストマやアンダーフィルなどの樹脂材料も用いられる。また、ガラス繊維やガラスクロスなどにエポキシ樹脂を浸して多層積層したFR−4基板などにも熱硬化性樹脂も使用される。このように電子部品には多種多様な樹脂が使用され、この複雑かつ厄介な性質をもつ樹脂が製品の信頼性に大きく影響するため、樹脂の粘弾性特性を正確に把握した設計が必要となる。

本章では、粘弾性特性を有する樹脂材料の性質を基礎的に勉強し、粘弾性を表現する簡単な力学的モデルや定式化など粘弾性の基礎について記述する。

4.2 弾性と粘性および粘弾性

弾性とは、**図 4-1** に示すように物体に外力を負荷した場合に相応の変形が生じ、除荷すると元の状態に戻る性質のことで弾性の性質持つ物体を弾性体という。すなわち、応力 σ とひずみ ε が比例関係にあり、比例定数を弾性係数 E とすればいわゆるフックの法則

$$\sigma = E \cdot \varepsilon$$

が成り立ち、この弾性は一般に**ばね**で表現される。

粘性とは、同図に示すように外力を負荷すれば相応の変形を生じるが、除荷しても変形が元の状態に回復しないで永久変形を生ずる性質で、この性質を持つ物体を粘性体という。すなわち、応力 σ とひずみ速度 $\frac{d\varepsilon}{dt}$ は比例関係にあり、比例定数を粘性係数（または粘度）η とすれば理想的にはニュートンの法則

$$\sigma = \eta \frac{d\varepsilon}{dt}$$

4 粘弾性の基礎

が成り立ち、粘性挙動は一般に注射器のような**ダッシュポット**（またはダンパー）で表現される。この粘性係数の大小をイメージすれば、例えば水は粘性係数が小さいので小さい力を加えれば簡単に流れるが、水あめやマヨネーズなどは粘性係数が大きいので流れにくいことを意味している。

一方、粘弾性とは弾性と粘性の両方の性質を兼ね備えた性質であり、その詳細は後述するように弾性を表すばねと粘性を表すダッシュポットが共存した力学的モデルで表現される。代表的な力学的モデルは、**マクスウェルモデル（Maxwell Model）**と**フォークトモデル（Voigt Model）**が有名である。とりわけ樹脂のような粘弾性材料では、その樹脂の熱的・力学的性質が時間と温度の影響を大きく受けることから、材料設計において一層複雑かつ難解な問題を含んでいる。

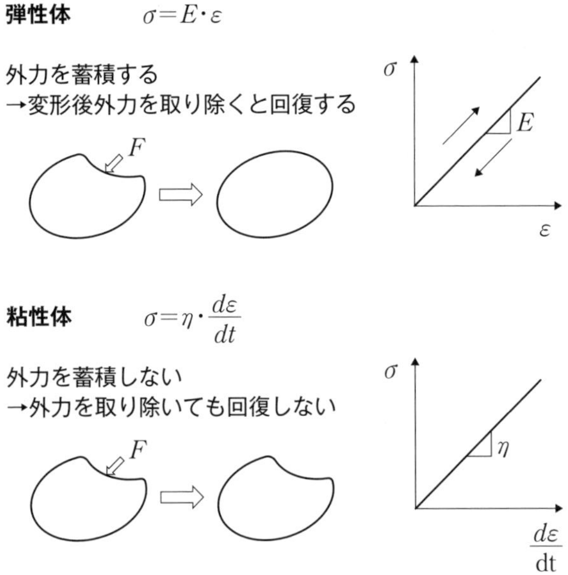

図 4-1　弾性体と粘性体

4.3 応力とひずみ

物体に一定の応力 σ（外力）を作用させた場合、ひずみ ε（変形 λ）が生じる。**図 4-2** は、物体に一定の応力を時間 t_1〜t_2 間負荷した場合に生ずる変形の時間的変化を、(a) 弾性体、(b) 粘性体 (c) 粘弾性体について模式的に示したものである。すなわち、(a) のばねで表す弾性体の変形は、負荷された時間帯において一定値を示し、(b) に示す流体や粘土などの粘性体の変形は時間 t_1〜t_2 では増加し、t_2 で応力を除去しても一定値を示す。また (c) の樹脂などの粘弾性体の変形は、時間 t_1 から変形が徐々に増加して t_2 で急激に減少し、その後は徐々に減少する。この t_1 から変形が徐々に増加する現象を**クリープ現象**と呼び粘弾性体の特徴の一つである。

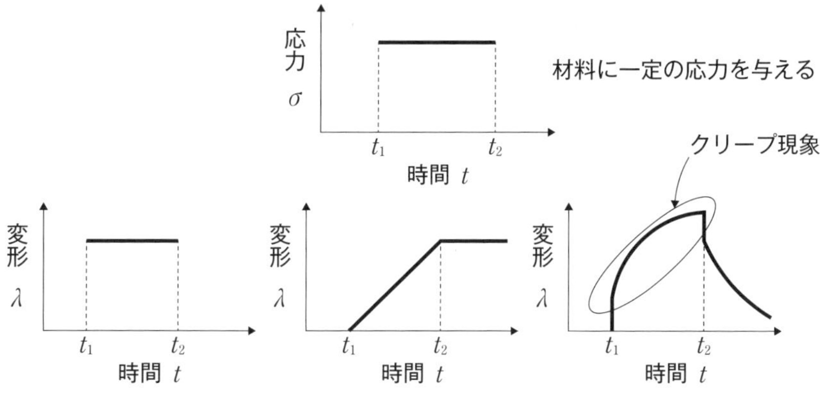

(a) 弾性体　(b) 粘性体　(c) 粘弾性体

図 4-2　応力とひずみ

図 4-3 は、物体に一定の変形を時間 t_1〜t_2 間負荷した場合に生ずる応力の時間的変化を、(a) 弾性体 (b) 粘性体 (c) 粘弾性体について模式的に示したものである。すなわち、(a) 弾性体の応力は負荷された時

間帯において一定値を示し、(b) 粘性体の応力は変形を与えた時間 t_1 において瞬間的に増加し、その後徐々に減少し時間 t_2 で0に漸近する。また、(c) 粘弾性体の応力は変形を与えた時間 t_1 で瞬時に増大し、その後時間経過ともに減少するが時間 t_2 になっても応力は0にはならず徐々に減少する。この時間 t_1 から応力が徐々に減少する現象を**応力緩和現象**と呼び、**図 4-2** のクリープ現象とならんで粘弾性体の特徴の一つである。

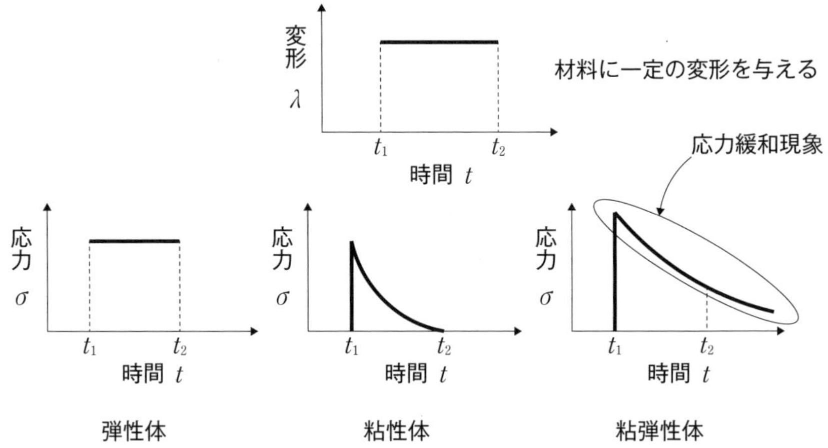

図 4-3　応力緩和現象

クリープ現象を**図 4-4** で説明する。長さ L_0 の試験片に一定荷重 W を負荷すれば時間の経過とともに試験片は伸びる。ここで、荷重を負荷する前の力学的モデルをフォークトモデルで表現する。負荷直後には試験片は瞬時に弾性変形し、モデルではばね A が伸びる (ε_1)。その後時間経過とともに徐々にダッシュポット A、B が伸び、t 時間後には一定の伸び (ひずみ) を示す。このように、フォークトモデルはクリープ現象を説明するのに適している。

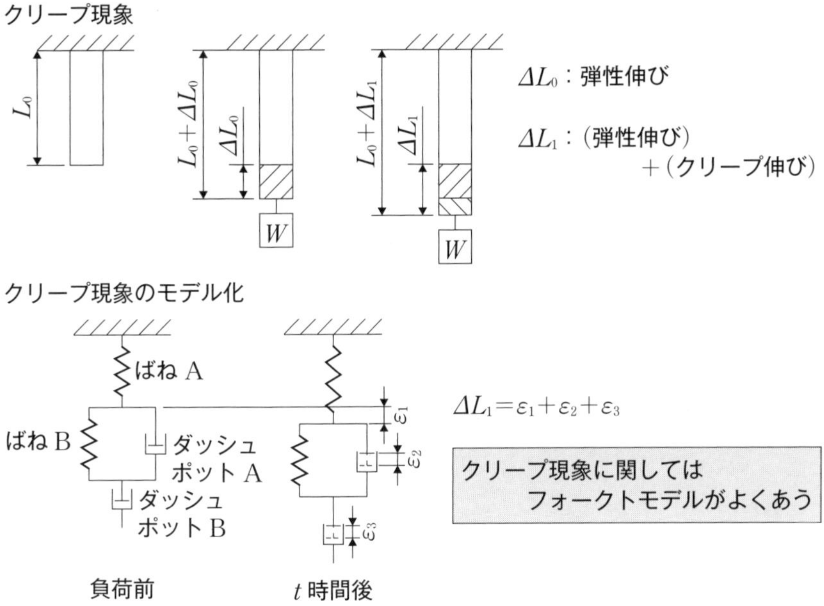

図 4-4　粘弾性材料のクリープ現象

一方、応力緩和現象を**図 4-5** の上図で説明する。試験片に一定荷重 W を負荷するとばねが瞬時に伸び、この伸び量を一定に拘束すれば、時間経過とともに負荷した荷重は減少する。これを同図下のマクスウェルモデルで説明すると、負荷直後にはダッシュポットは反応せずにばねだけが伸び、その後時間が経過するとダッシュポットが徐々に伸びて、ばねは縮む。すなわち、時間経過とともに負荷荷重が減少し応力が低下することになり、これが応力緩和現象であり、マクスウェルモデルはこれを説明するのに適している。

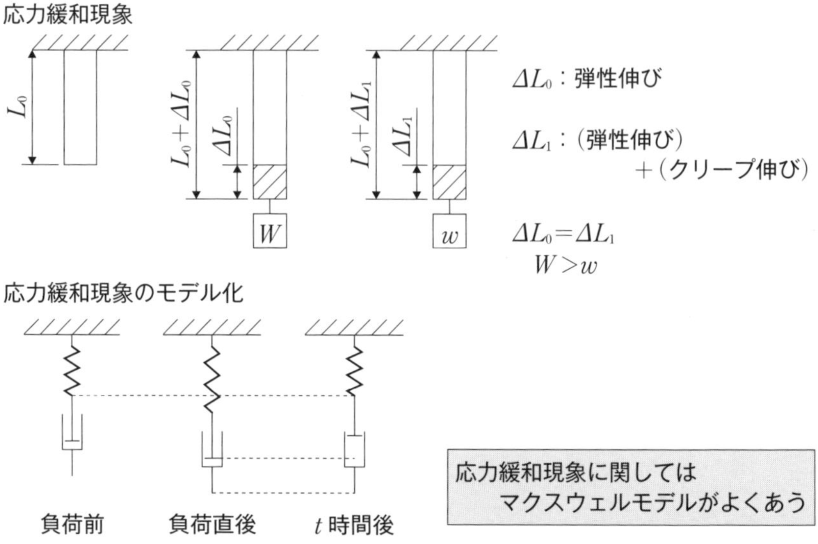

図 4-5　応力緩和現象とマクスウェルモデル

4.4　粘弾性特性を表す力学的モデル

粘弾性とは、前述のように固体を表す弾性と液体を表す粘性の両方の性質が共存している性質である。弾性は、応力 σ とひずみ ε は比例関係にあり、その比例定数を弾性係数 E とすれば、両者の関係はフックの法則

$$\sigma=E\varepsilon \quad \cdots\cdots (4.1)$$

で表現できる。

一方、粘性は応力 σ とひずみ速度 $\frac{\mathrm{d}\varepsilon}{\mathrm{d}t}$ が比例関係にあり、その比例定数を粘性係数 η とすれば、両者の関係は次式のニュートンの法則で表

される。

$$\sigma=\eta\cdot\frac{\mathrm{d}\varepsilon}{\mathrm{d}t} \quad (4.2)$$

図 4-6 に、ばねで示す弾性とダッシュポットで示す粘性の性質が共存する粘弾性力学モデルを示す。同図（a）は、ばねとダッシュポットが直列に構成されたマクスウェルモデル、同図（b）は、両者が並列に構成されたフォークトモデルである。

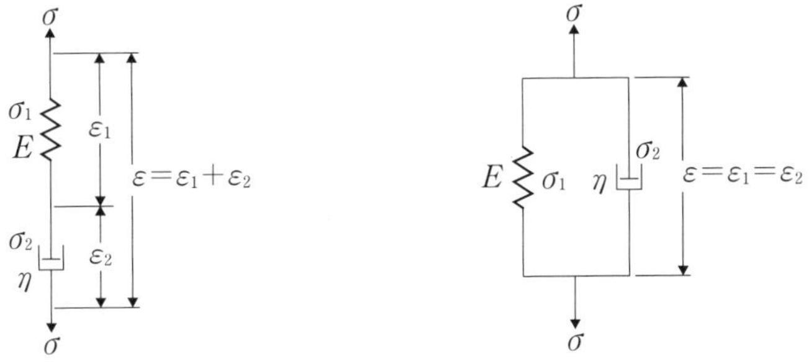

(a) マクスウェルモデル　(b) フォークトモデル

図 4-6　マクスウェルモデルとフォークトモデル

まず、線形粘弾性挙動の概念を同図（a）のマクスウェルモデルで説明する。ばねは弾性係数 E をもつ固体を示し、ダッシュポットは粘性係数 η をもつ液体を示し、これらが直列に構成されている。これに一定応力 σ が両端に負荷されたとき、ばねに作用する応力 σ_1 とダッシュポットに作用する応力 σ_2 は等しい。一方、全体のひずみ ε は、ばねに生じるひずみ ε_1 とダッシュポットに生じるひずみ ε_2 の和として表現できる。

これら一連の関係を式で表示すると次のとおりである。

$$\sigma=\sigma_1=\sigma_2$$
$$\varepsilon=\varepsilon_1+\varepsilon_2 \quad (4.3)$$

ここで、$\sigma_1 = E \cdot \varepsilon_1$

$$\sigma_2 = \eta \cdot \frac{d\varepsilon_2}{dt} \quad \cdots\cdots (4.4)$$

これらの式から、応力σを誘導すると、

$$\sigma = \sigma_0 \exp\left(-\frac{E}{\eta}t\right) \quad \cdots\cdots (4.5)$$

ここで、σ_0：初期応力、E：弾性係数、η：粘性係数、t：時間である。このことから、前述のようにマクスウェルモデルは応力緩和現象を説明するのに適している力学モデルであることが式からもわかる。

同様にして、同図（b）のばねとダッシュポットが並列に構成されているフォークトモデルにおいては、全体のひずみεはばねのひずみε_1とダッシュポットのひずみε_2と等しく（$\varepsilon = \varepsilon_1 = \varepsilon_2$）、一方、応力$\sigma$はそれぞれに作用する応力$\sigma_1$と$\sigma_2$の和として表現できる。これらについてマクスウェルモデルと同様に式を誘導すれば、

$$\varepsilon = \frac{\sigma}{E}\left(1 - e^{-\frac{E}{\eta}t}\right) \quad \cdots\cdots (4.6)$$

となり、フォークトモデルは粘弾性挙動のもう一つの特徴であるクリープ現象を説明するのに適している力学モデルであることがわかる。

参考までに、粘弾性体の応力緩和現象とクリープ現象の複合現象を**図4-7**のマクスウェルモデルとフォークトモデルの両方で構成する混合の力学的モデルで説明する。同図（a）は一般的なクリープ特性を示したもので、物体にある負荷が作用した場合瞬時にε_1のひずみ応答が生じ、その後時間経過とともにひずみは増加する。そして除荷によってひずみは瞬時にε_1だけ減少し、その後時間経過に伴って徐々に減少しε_2で安定する模式図である。このクリープ特性の一連の挙動をマクスウェルモデルとフォークトモデルで構成される混合の力学的モデルで表現したのが同図（b）である。すなわち、外力の負荷によって弾性のばねE_1が瞬時に応答じてε_1の弾性ひずみを生じ、その後粘性のダッシュポットη_1が時間遅れで応答して粘性によるひずみε_2が生ずる。次いで除荷によって弾性ひずみε_1が応答してひずみが低下し、その後時間経過によ

ってフォークトモデルで表すばねとダッシュポットの組合せの塑性ひずみ ε_3 が応答して全体のひずみは減少することになる。

これらを式として表すと、全体のひずみ ε は次の式で表現できる。

$$\varepsilon=\varepsilon_1+\varepsilon_2+\varepsilon_3=\frac{\sigma}{E_1}+\frac{\sigma}{\eta_1}t+\frac{\sigma}{E_2}\left(1-te^{\frac{\sigma}{\eta_2}}\right) \quad \cdots\cdots (4.7)$$

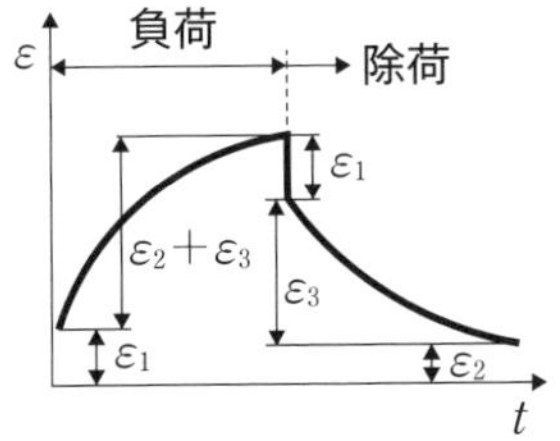

(a) 粘弾性体のクリープ特性

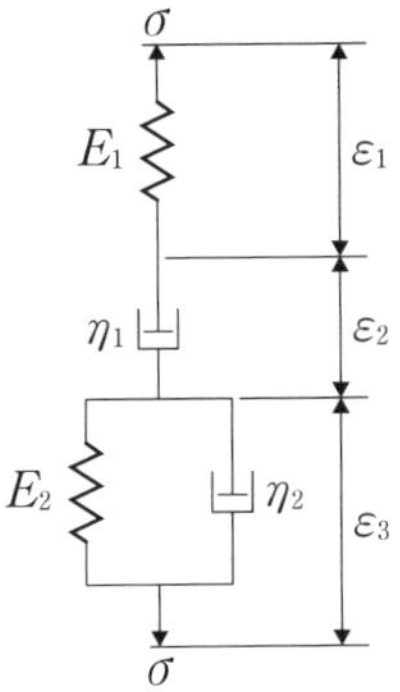

(b) ばねとダッシュポットによる力学モデル

図 4-7　粘弾性体のクリープ特性と力学モデル

4.5　クリープと応力緩和の概念式

前述のように粘弾性の特徴的な力学的挙動に、応力緩和とクリープの 2 つの現象がある。これらの現象を先ほどの**図 4-6** のマクスウェルモデルとフォークトモデルをもとに説明する。

(1)　マクスウェルモデル

ばねとダッシュポットが直列に構成されたもので、これに生ずる応力

$\sigma(t)$ とひずみ $\varepsilon(t)$ の間の関係は、

$\sigma=\sigma_{\mathrm{s}}=\sigma_{\mathrm{d}}$、$\varepsilon=\varepsilon_{\mathrm{s}}+\varepsilon_{\mathrm{d}}$　　より、

$$\frac{\mathrm{d}\varepsilon}{\mathrm{d}t}=\frac{1}{k_s}\frac{\mathrm{d}\sigma}{\mathrm{d}t}+\frac{1}{\eta_d}\sigma$$

あるいは、

$$k_s\frac{\mathrm{d}\varepsilon}{\mathrm{d}t}=\frac{\mathrm{d}\sigma}{\mathrm{d}t}+\frac{1}{\tau_M}\sigma \quad\cdots\cdots (4.8)$$

ここで、$\tau_{\mathrm{M}}=\dfrac{\eta_d}{k_s}$ である。なお、τ_{M} は緩和時間と呼ばれるもので、時間経過とともに応力が減少するが、その減少の速度が粘度 η_{d} とばね定数 k_s の比で決まることを意味している。

(2) フォークトモデル

ばねとダッシュポットが並列に構成されたもので、これに生ずる応力 σ_{t} とひずみ ε_{t} の間の関係は、$\sigma=\sigma_{\mathrm{s}}=\sigma_{\mathrm{d}}$、$\varepsilon=\varepsilon_{\mathrm{s}}+\varepsilon_{\mathrm{d}}$ より、

$$\sigma=\eta d\frac{\mathrm{d}\varepsilon}{\mathrm{d}t}+k_s\cdot\varepsilon$$

あるいは、

$$\frac{\mathrm{d}\varepsilon}{\mathrm{d}t}+\frac{1}{\tau_V}\varepsilon=\frac{1}{\eta_d}\sigma \quad\cdots\cdots (4.9)$$

ここで、$\tau_V=\dfrac{\eta_d}{k_s}$ で遅延時間と呼ばれるもので、時間経過とともにひずみが増加するが、その増加の速度が粘度 η_d とばね定数 k_s の比で決まることを意味している。

(3) 応力緩和とクリープを表す概念的な式

前述で説明した2つの力学的モデルを用いて、一般的な粘弾性体の応力とひずみの関係の概念を述べる。これは変形が比較的小さい範囲の線形粘弾性理論の構成方程式を導くためには不可欠な力学的モデルである。まずここでの初期条件として、時間 $t=-\infty$ において、応力

$\sigma_t=0$、ひずみ $\varepsilon_t=0$ の条件下で、マクスウェルモデルおよびフォークトモデルに対する微分方程式を示しておく。

まず、マクスウェルモデルにおいて時間的に変化する応力 $\sigma(\mathrm{t})$ は、

$$\frac{\mathrm{d}}{\mathrm{d}t}\sigma_t \mathrm{e}^{\frac{t}{\tau_M}} = E\mathrm{e}^{\frac{\mathrm{t}}{\tau_M}}\frac{d\varepsilon}{dt} \quad \cdots\cdots (4.10)$$

となるから、これを $-\infty$ から $t=t$ まで積分すれば、

$$\sigma(t)=E\int_{-\infty}^{t}\mathrm{e}^{\frac{-(t-\tau)}{\tau_M}}\frac{\mathrm{d}\varepsilon(\tau)}{\mathrm{d}\tau}\mathrm{d}\tau \quad \cdots\cdots (4.11)$$

となる。一方、フォークトモデルに関しても同様にして次式が得られる。

$$\varepsilon(t)=\eta\int_{-\infty}^{t}\mathrm{e}^{\frac{-(t-\tau)}{\tau_M}}\mathrm{v}\frac{\mathrm{d}\sigma(\tau)}{\mathrm{d}\tau}\mathrm{d}\tau \quad \cdots\cdots (4.12)$$

応力緩和とは、物体に一定のひずみ ε_0 を与えた状態で保持するとき、応力 σ が時間経過によって減少する現象のことである。この時間的に変化する応力を $\sigma(t)$ で表すと、$\mathrm{E_r}(t)=\dfrac{\sigma(t)}{\varepsilon_0}$ のことを**緩和弾性係数**あるいは**応力緩和関数**と呼ばれている。

一方、クリープとは、物体に一定応力 σ_0 を負荷したとき、ひずみが時間経過とともに増加する現象のことで、単位応力当たりのひずみ変化 $\mathrm{D_C}(t)=\dfrac{\varepsilon(t)}{\sigma_0}$ のことを**クリープコンプライアンス**と呼ばれている。

さて、先に定義した緩和時間 τ_M は応力の減少の状態を示すものであるが、詳細は専門書に譲るとして、τ_M は応力が初期の応力の 37%になる時間で、τ_M の値が大きいほど応力緩和が緩慢に進行することを意味している。

4.6 マスター曲線と時間−温度換算則

一般に粘弾性材料は、その機械的・熱的性質が時間と温度の影響を大きく受ける。また、前述のようにクリープと応力緩和の2つの特徴的な現象がある。例えば、応力緩和現象は物体にひずみを与えた瞬間には大きな応力が発生し、その後時間の経過に伴って減少していくが、この応力緩和現象は温度によって大きく変化する。

いま、ある物体に所望の変形を与える場合を考える。所望の変形を得るまでに長時間を要する場合には、一般に温度を上昇させれば短時間で同じ現象を実現できる。このように、同じ現象を得る場合に、時間と温度にはある一定の関係が存在することになる。このようなタイムスケールの応力緩和現象を求める方法が**時間―温度換算則**である。

例えば、粘弾性挙動を表現するマクスウェルモデルにおいてばねの弾性係数は温度の影響を受けないが、粘性係数は温度の影響を大きく受け、温度が上昇すれば著しく低下する。

図4-8は、ある樹脂の弾性係数を50℃から200℃までの温度範囲で、周波数を変えて実際に測定した事例で、これに基づいてマスター曲線について説明する。同図（a）は、縦軸には弾性係数を、横軸には周波数の逆数すなわち実際の時間（実時間）をとり、測定温度毎の弾性係数を表示したものである。このデータを時間―温度換算則を用いて、基準とする温度T_0を130℃として低温での測定値を左側にシフトし、高温での測定値を右側にシフトすれば同図（b）に示すように換算時間軸上にプロットすればお互いが重なり合って一本の滑らかな**マスター曲線**を得ることができる。ここで、実時間における測定データを換算時間軸上に右側や左側に平行移動するシフト量が**時間―温度移動因子**$a_{T_0}(T)$と呼ばれるものである。すなわち$a_{T_0}(T)$は温度上昇により時間の短縮を図ることができ、ある種の加速率と見なすことができる。

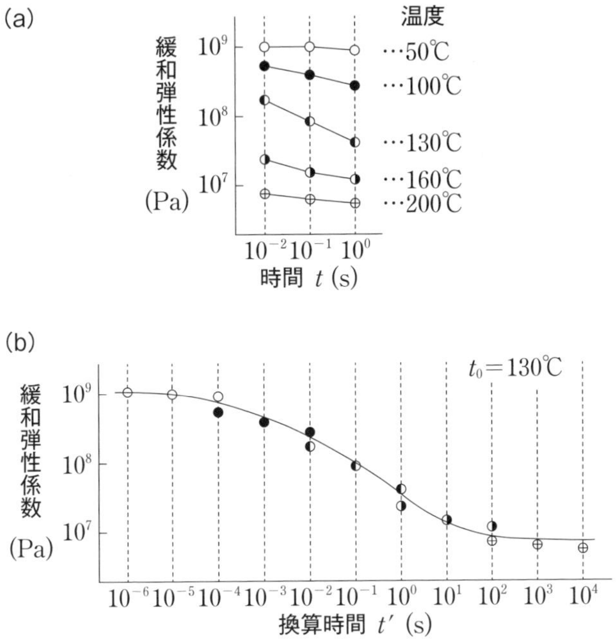

図 4-8　マスター曲線の作成

4.7　マスター曲線の近似

前述の樹脂の弾性係数のマスター曲線をプロニ（Prony）級数で近似する方法を**図 4-9** で簡単に説明する。これは後述の粘弾性応力・変形の数値解析の際に粘弾性の計算式に代入する。

すなわち、緩和弾性係数 E_r と換算時間 t' で示されるマスター曲線を次式のプロニ級数で近似する。

$$E_r(t') = E_0 + \sum_{i=1}^{n} E_i e^{\frac{t'}{\tau_i}} \quad (4.13)$$

ここで、緩和時間 $\tau_i = \dfrac{\eta}{E}$ とする。

この例では、換算時間 t' が長時間 10^4 のときの弾性係数が E_0 であり、短時間になるほど弾性係数が増加する傾向を示す級数和である。なお、参考までに同図にはプロニ級数をモデル化した一般化マクスウェルモデルを示している。実際の樹脂などの材料はこのような単純なモデルではその粘弾性挙動を表すことはできないが粘弾性挙動の概念を理解する上では役立つものである。

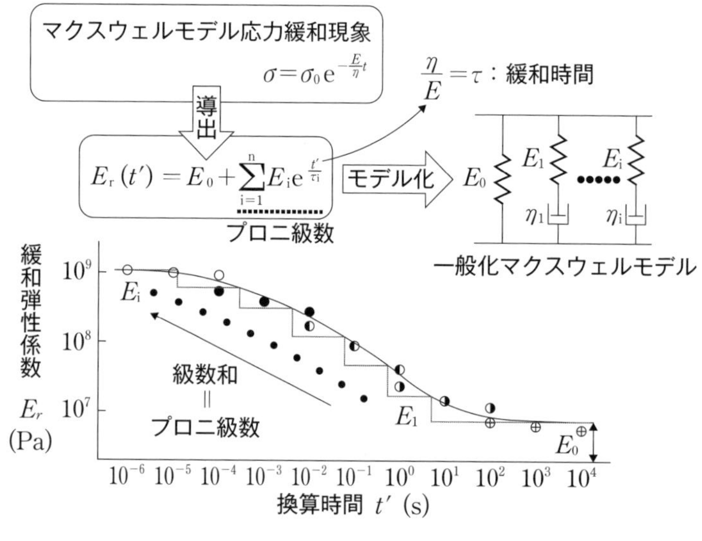

図 4-9　プロニ級数とマスター曲線の近似

4.8　重ね合せの原理と基礎方程式

物体に荷重などの負荷を与えると、それに対してひずみや変形などの応答が生ずる。ひずみ ε と応力 σ とに線形性が成り立つとは、一般にひずみ ε_1 に対する応力 $\sigma(\varepsilon_1)$、ひずみ ε_2 に対する応力 $\sigma(\varepsilon_2)$ であるとき、$(\varepsilon_1+\varepsilon_2)$ に対する応力 $\sigma(\varepsilon_1+\varepsilon_2)$ が、

$$\sigma(\varepsilon_1+\varepsilon_2)=\sigma(\varepsilon_1)+\sigma(\varepsilon_2) \quad (4.14)$$

で表現でき、両者に比例関係が成立するということである。

ここで、物体にあるひずみが付加されている系に、時間 t_i において新たなひずみが付加されたとすると、それ以後の応力の時間的変化は t_i において加えられたひずみだけに起因する応力が、初めから加えられているひずみによって発生している応力の上に代数的に加算したものに等しいという考えである。すなわち、繰り返しひずみを付加されたとき各ひずみに対する応力はそれぞれ独立であり、これを**重ね合わせの原理**と呼び**図 4-10** で説明する。

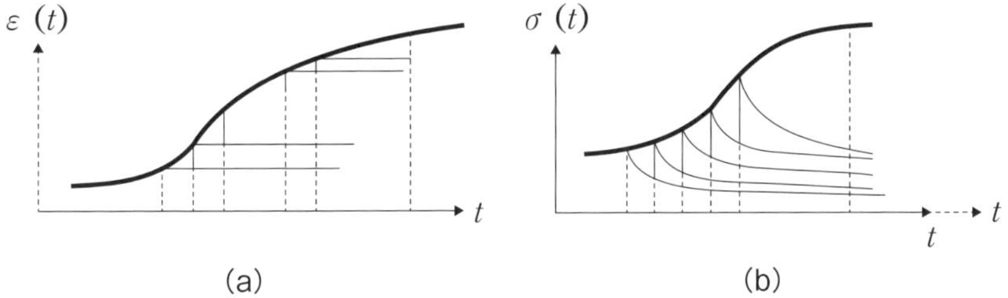

図 4-10　重ね合わせの原理

まず、付加するひずみが時間的に変化する場合は、同図（a）のように、任意の時間 t_i に加えられた段階的なひずみ $\Delta\varepsilon_i$ に分けることができるので、応力の時間的応答 $\sigma(t)$ は次式の数学的関係で表現できる。

$$\sigma(t)=\sum\varphi(t-t_i)\,\Delta\varepsilon_i(t_i) \quad (4.15)$$

ここで、$\varphi(t-t_i)\cdot\Delta\varepsilon_i(t_i)$ は時間 t_i におけるひずみ $\Delta\varepsilon_i$ に起因する応力の時間 t における値である。このことは、刺激に対して応答が、$(t-t_i)$ の関数として一義的に決定されることを意味している。すなわち、付加されたひずみの全ての過程について総和をとれば、応力を決定することができ、これを同図（b）に模式的に示す。さらに、t の分割間隔を十分小さくして、ひずみが遠い過去 $(t'=-\infty)$ における基準状態 $(\varepsilon=0)$ から連続的に変化する場合を考えると、時間的に変化する応力 (t) は次式の積分形で表現できる。

$$\sigma(t)=\int\varphi(t-t')\frac{\mathrm{d}\varepsilon(t')}{\mathrm{d}t'}\cdot\mathrm{d}t' \qquad (4.16)$$

この式を**ボルツマン（Boltzmann）の基礎方程式**と呼ぶ。ここで、関数 $\phi(t-t')$ は系の刺激に対する応答の性質を決定する特性関数であり、**緩和関数**または**余効関数**と呼ばれるものである。

第5章

動的粘弾性の原理

5.1　動的粘弾性と静的粘弾性

この章ではまず、**動的粘弾性**とはなにかを静的粘弾性と比較して説明する。粘弾性とは、ある物体に一定ひずみ ε_0 を負荷した場合、緩和弾性係数を $E(t)$ とし、その際に発生する応力 $\sigma(t)$ とすれば、発生した応力 $\sigma(t)$ は時間が経過すると徐々に減少する性質のことであった。すなわち、

$$E(t)=\frac{\sigma(t)}{\varepsilon_0}$$

このように、静的な刺激に対する応答を調べるのが静的測定法による粘弾性である。この静的測定法は簡単かつ長時間のタイムスケールにおける粘弾性を測定するのに適している。

しかしながら、ゴムやチューインガムのような材料において、その性質が動的な負荷（周波数依存性のある）に対しては静的測定法では粘弾性が評価できない。そのような動的負荷に対する応力やひずみの時間的応答を測定するのが動的測定法であり、その方法で測定した粘弾性の性質が動的粘弾性である。

動的粘弾性の実際の測定は、試験片に正弦波ひずみの強制振動を与え

た際の時間的に変化する応力応答を測定するものである。以下にその詳細を記述する。

5.2 動的粘弾性の測定原理

図5-1に示す粘弾性挙動をもつ試験片の一端aを固定し、他端bをcまで伸長したあと、距離bcよりも小さい振幅のひずみε_0で正弦波の強制振動を与える。c端においてひずみεと時間tとの関係は、角周波数をωとすれば、次式で表すことができる。

$$\varepsilon=\varepsilon_0 \mathrm{e}^{i\omega t} \quad (5.1)$$

あるいは、ひずみ速度$\dfrac{\mathrm{d}\varepsilon}{\mathrm{d}t}$をひずみの代わりに用いると、

$$\frac{\mathrm{d}\varepsilon}{\mathrm{d}t}=\mathrm{i}\omega\varepsilon \quad (5.2)$$

さて、このような強制振動によってa端に発生する応力σは、定常状態では正弦波振動となるが、応力σの位相はひずみεの位相とは必ずしも一致しない。その理由は、試験片の特性として、その変形には一般に粘性的性質があるために、いくらかの時間的なズレが生じるためである。しかし、もし試験片が完全弾性体であって、その変形が完全に弾性的挙動を示すとすれば位相差は全く生じない。したがって、この位相のズレは試験片の弾性と粘性に大きく関係している。

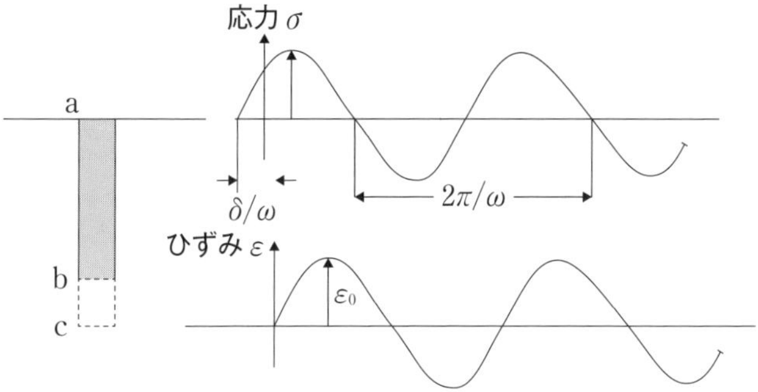

図 5-1　強制振動による応力とひずみ

5.3　複素弾性率と力学モデル

いま角周波数 ω（あるいは周波数 $f=\omega/2\pi$）で試験片を強制振動した場合の試験片の弾性と粘性を**図 5-2** に示すばねとダッシュポットの粘弾性力学モデルで表示する。ここで、ばね定数を $E'(\omega)$、ダッシュポットの粘性係数（粘度）を $\eta'(\omega)$ とする。粘弾性解析において、$E'(\omega)$ と $\eta'(\omega)$ はそれぞれ**動的弾性率**と**動的粘度**と呼ばれる。

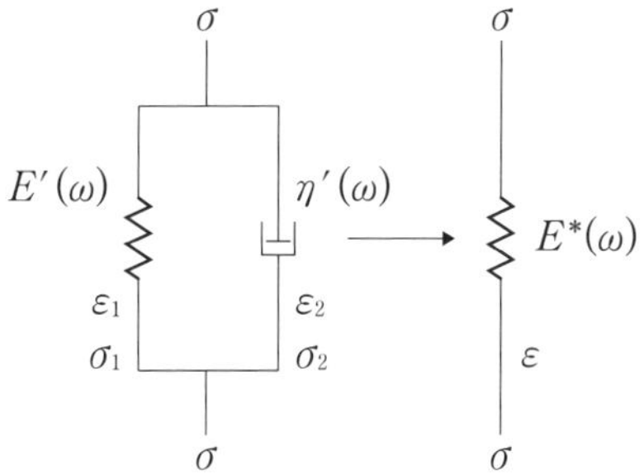

図 5-2　粘弾性力学モデル

次に、この粘弾性力学モデルを同図右のような一個のばねでモデル化し、このばね定数は複素数で表されるので、**複素弾性率** $E^*(\omega)$ と呼ばれ、次式で表す。

$$E^*(\omega)=\frac{\sigma}{\varepsilon} \tag{5.3}$$

ここで、試験片の変形が小さい線形粘弾性の範囲では、ばねについてはフック則が成立するから、

$$\sigma_1=E'\varepsilon_1 \tag{5.4}$$

ダッシュポットについては、ニュートンの粘性法則が成立するから、

$$\sigma_2=\eta'\frac{\mathrm{d}\varepsilon_2}{\mathrm{d}t} \tag{5.5}$$

なお、σ_1 と σ_2 はそれぞればねとダッシュポットが分担する応力である。すなわち、全応力は、

$$\sigma=\sigma_1+\sigma_2 \tag{5.6}$$

となる。また前述の式から、複素弾性率 $E^*(\omega)$ は次式で表現できる。

$$\begin{aligned} E^*(\omega)&=\frac{\sigma}{\varepsilon} \\ &=E'(\omega)+\mathrm{i}\omega\eta' \\ &=E'(\omega)+\mathrm{i}E''(\omega) \end{aligned} \tag{5.7}$$

ここで、虚数部 $E''(\omega)=\omega\eta'$ であり**動的損失**と呼ばれる。つまり、E' は物体に外力とひずみにより生じたエネルギーのうち物体の内部に保存する成分で、一方 E'' は外部へ拡散する成分である。簡単に言うと、E'' は物体の粘性（ねばりけ）の程度を表す成分で E'' が大きいということは粘性が大であることを意味し、次式（5.8）に示すように $\tan\delta$ の値に影響し、この値が物体の軟化の温度（ガラス転移温度）の目安となる。実際のエレクトロニクス機器などの用いる材料選定や熱応力や熱変形を算出する際のシミュレーションには欠かせない重要な成分である。

式（5.7）をベクトル図で表示すると、**図 5-3** のようになる。ここで慣例として、位相差角を δ とすると、

$$\tan\delta = \frac{E''}{E'} \qquad (5.8)$$

の関係がある。粘度 $\eta'=0$、すなわち $E''=0$ の完全弾性的挙動を示す場合には、$\delta=0$ となり、応力 σ とひずみ ε とは同位相となる。

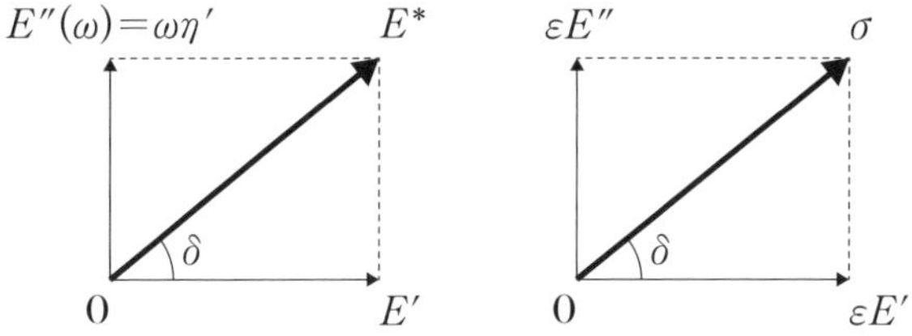

図 5-3　粘弾性性質のベクトル表示

5.4　周波数による分散と吸収

理想的に単純化した**図 5-4** に示す複数のマクスウェルモデルで粘弾性が表現できる材料を考える。そして、この粘弾性力学モデルにおいて動的弾性率 E' と動的損失 E'' とが角周波数 ω によってどう変化するかを考える。すなわち、物体に外力を負荷した場合に応力 σ やひずみ ε が生じるが、それらは外力の速度（角周波数 ω）によって異なり、結果として物体の動的弾性率に影響する。この動的弾性率は実装時の粘弾性シミュレーションには欠かせない重要なパラメータである。

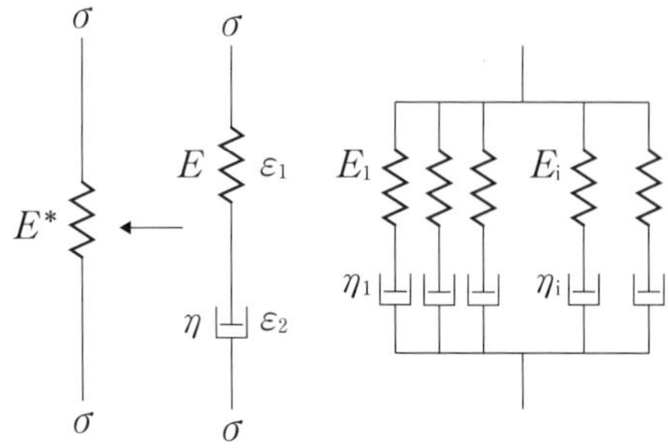

図 5-4　複数のマクスウェルモデルのモデル化

応力 σ とひずみ ε から複素動的弾性率 E^* を算出する。マクスウェルモデルでは、$\varepsilon=\varepsilon_1+\varepsilon_2$ で、$\varepsilon_1=\dfrac{\sigma}{\varepsilon}$、$\varepsilon_2=\dfrac{\varepsilon}{\mathrm{i}\omega}=\dfrac{\sigma}{\mathrm{i}\omega\eta}$ であるから、

$$E^*=\frac{\sigma}{\varepsilon}=\frac{\sigma}{\omega_1+\omega_2}$$

$$=\frac{\omega^2\tau^2E}{1+\omega^2\tau^2}+\frac{\omega\tau E}{1+\omega^2\tau^2}\mathrm{i} \quad\cdots\cdots (5.9)$$

ここで、$\tau=\dfrac{\eta}{E}$ として、τ は緩和時間で粘弾性挙動を特徴づける定数で、物体の弾性と粘性の性質を表す指標で、簡単に言えば、物体が硬い状態からやわらかい状態になる温度や時間の目安となり得る。また、動的弾性率 E' と動的損失 E'' は次式で表現できる。

$$E'=\frac{\omega^2\tau^2E}{1+\omega^2\tau^2} \quad\cdots\cdots (5.10)$$

$$E''=\frac{\omega\tau E}{1+\omega^2\tau^2} \quad\cdots\cdots (5.11)$$

また**図 5-5** に、横軸に ω の代わりに $\log\omega t$、縦軸に E を用いて E' と E'' の変化を示している。τ は定数で横軸の数値が小さいほど周波数が高いことになる。同図から動的弾性率 E' は周波数が低下するとともに値は著しく小さくなる。この現象を弾性率の周波数分散と呼び、$\omega t=1$

で E'' が極大値を示し、これがエネルギー吸収の極大であることから**吸収極大**と呼ばれる。

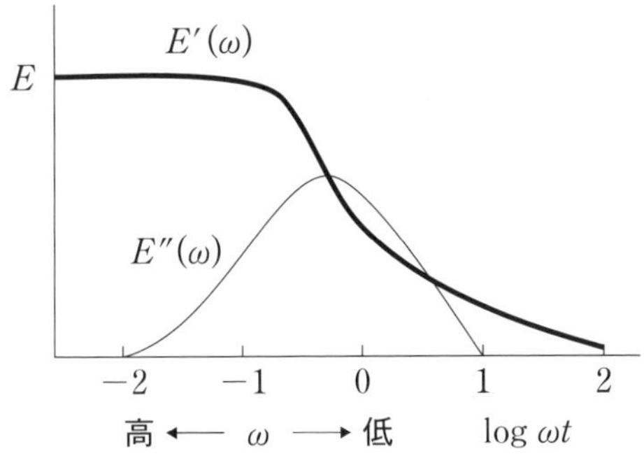

図 5-5 周波数と動的弾性率、動的損失の関係

5.5　実際の測定事例

樹脂などの粘弾性材料の粘弾性特性を測定するには、**図 5-6** に示すように測定装置のチャンバー内に試験片をチャックし、A 部を固定して B 部を同図右に示すように強制加振する。この際、チャンバー内の温度を変化させるとともに加振周波数も所望の値に設定する。このような方法で測定した結果の一例を**図 5-7** に示す。この図は周波数を 10Hz 一定とした場合について示すが、図から測定温度の上昇過程における貯蔵弾性率 E'、損失弾性率 E''、および損失正接 $\tan\delta$ が出力される。

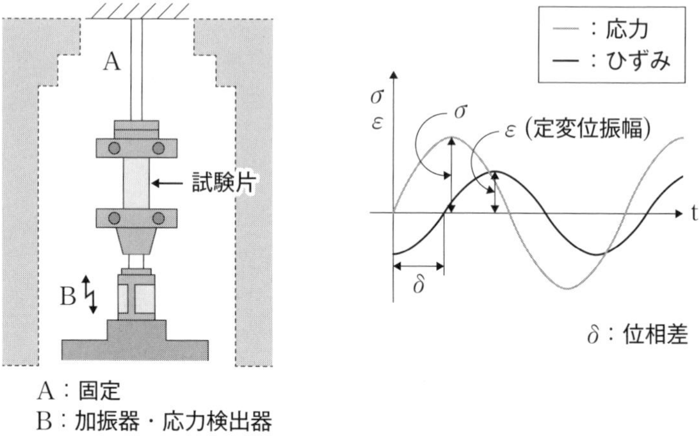

図 5-6　動的粘弾性の測定方法

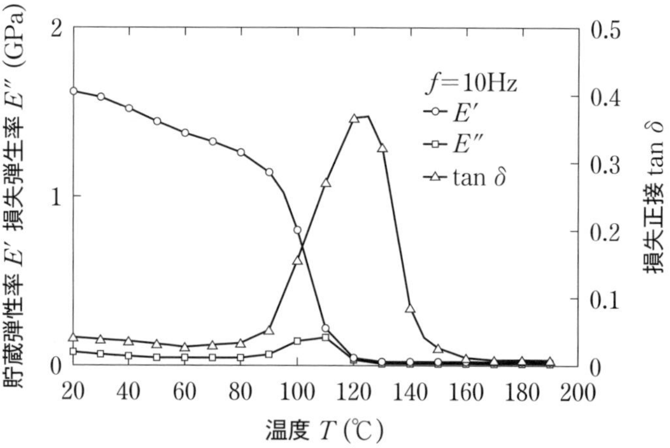

図 5-7　温度と粘弾性特性の測定

第6章

半導体パッケージの設計課題

6.1　はじめに

第1章で述べたように、エレクトロニクス機器はスマートフォンやiPadなどに代表され、高機能・高性能化と共に軽薄短小化が進んでいる。これに伴って半導体パッケージやプリント基板なども多種多様化し、その実装技術も著しい変遷と進歩を遂げている。半導体パッケージやプリント基板には樹脂など多様な異種材料で構成されており、製造工程では250℃程度以上の高温はんだリフローによる熱負荷やその後の各種信頼性試験等が課せられる。熱負荷によって、半導体パッケージなどは構成材料の物性の違いから大きな熱応力や反り変形などが生じ、これが原因で封止樹脂の亀裂や接着界面の剥離、さらには大きな反り変形が生じ、エレクトロニクス機器の実装設計上の技術課題も多い。また近年は、各企業において製造コストの削減や効率的な実装技術を求めて大面積での一括実装の動きもある。このため半導体パッケージやプリント基板への実装技術も過酷な要求になり、技術課題も複雑で困難化してきた。

この種の問題を解決するためには、半導体パッケージやプリント基板などのエレクトロニクス機器の高信頼設計に当たっては、樹脂設計や製造工程での熱負荷条件、さらには構造・形状などの最適化設計が必須の課題となる。特に、樹脂は金属やセラミックスと違ってその性質が温度と時間の影響を大きく受けるいわゆる粘弾性の性質を示すことから、多数の半導体パッケージなどを内蔵するエレクトロニクス機器の最適設計の上で大きな隘路となっている。したがって、高信頼なエレクトロニクス機器の製造に当たっては、樹脂の粘弾性特性を十分に考慮した適切な応力・変形シミュレーション技術の構築が一層重要になってくる。

本章では、上記背景から具体的な半導体パッケージを事例に挙げ、その動向や技術課題について記述する。

6.2 半導体パッケージの動向と課題

前述のように、半導体パッケージは構造や形状が大きく変遷し、その構造や形状も各企業によって多種多様である。各種エレクトロニクス機器に用いる半導体パッケージや基板実装における究極は、チップサイズにまで小さくした **CSP**（Chip Scale Package）であり、現在は **CSP** が主流で多用されている。

CSP に至るまでの半導体パッケージは、フィラーを充填したエポキシ樹脂で LSI チップを封止する構造が一般的であった。ここでは、その一例として、**図 6-1** に示す **OMPAC**（Over Molded Pad Array Carrier Package）構造の半導体パッケージをプリント基板に実装した構造を例に種々の課題を記述する。また、実装工程の一般的プロセスは次のとおりである。

① LSI チップをサブ基板にマウントする
② 所望の Au 線でワイヤボンドする
③ トラスファー成形等で LSI チップを樹脂で封止する
④ サブ基板にはんだボールを装着する

⑤　この半導体パッケージをプリント基板に250℃程度の温度ではんだリフローによって接合する

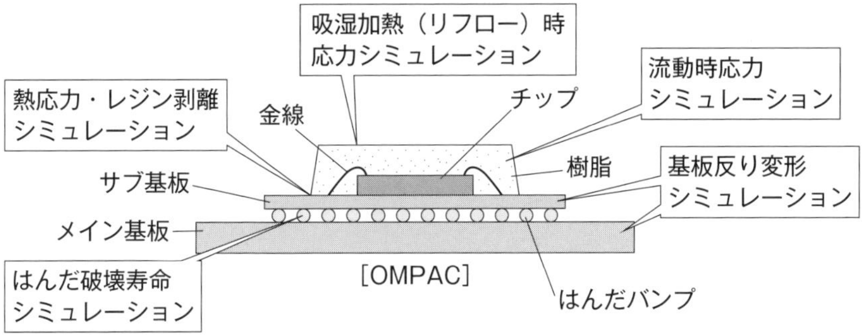

図 6-1　半導体パッケージの実装に必要なシミュレーション

このような各種プロセスを経る製造工程では、次のような技術課題が想定される。まず、はんだリフロー工程で負荷される250℃程度の温度によって生ずる熱応力によって、封止樹脂の亀裂や接着接合界面の剥離の発生がある。また、半導体パッケージは一般に異種材料から構成されているために線膨張係数の違いから生じる熱膨張量の差異によって、半導体パッケージやプリント基板等に反り変形が生じ、これが原因で**図 6-2**に示すようなはんだボールとプリント基板との接着接合不良が発生する恐れがある。ここではOMPAC型の半導体パッケージの例を挙げたが、材料の厚さが薄い組合せの半導体パッケージや、大面積のプリント基板やSiウエファの場合、さらには別の構造・形状をした**CSP**などでは製造工程等における熱負荷によって、反り変形や接着接合界面剥離などの問題も一層顕著になってくる。

また、今後開発される各種形態をもつ半導体パッケージに対して、製造プロセス時や信頼性試験時の熱負荷によって、不良の生じない高信頼・高性能な半導体パッケージを製造するうえでも、樹脂材料や構造・形状、さらには熱負荷条件の最適化と共に、不良の発生メカニズムを解明し、その抜本的対策の構築が一層重要な技術課題となる。

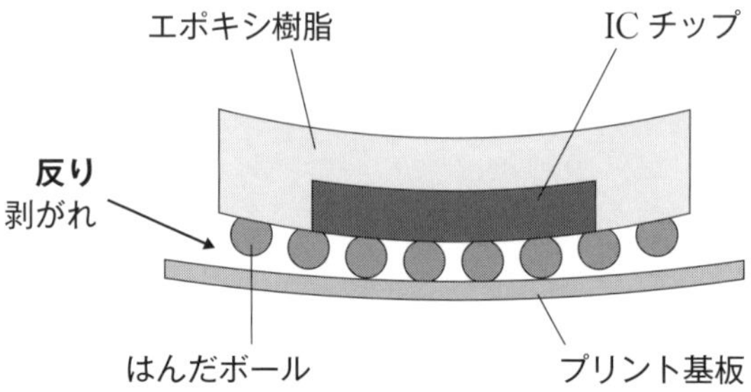

図 6-2　反り変形による接着接合の不良

6.3　粘弾性の解析ソフト

ここまで述べてきたような課題に基づいて、著者が開発した粘弾性解析ソフト（以下、**VESAP** と略す）について解説する。VESAP は、樹脂などのようにその性質が時間と温度で大きく変化する粘弾性特性を十分に考慮した。特徴としては、粘弾性解析の前準備を簡素化したことが挙げられる。技術者が複雑かつ煩雑な解析の準備段階をできるだけ避け、実用化設計を実現できることに主眼をおいている。**図 6-3** に粘弾性解析の一連の内容を概念的に示すが、PC 一台で簡単に有効な結果が出力されるようになっている。

現在、AVAQUS や ANSYS、MARC など多数の解析ソフトが市販されている。これらのソフトの使用にあたって、有限要素法（FEM）で必要な要素選択やメッシュ分割、材料の粘弾性特性の入力に苦労することが多い。平面ひずみ・平面応力、3 次元解析、熱と応力の連成解析など、準備段階が煩雑で使いこなすまでに手間がかかりがちである。また、労力の割には実物と解析結果に大きな乖離があるなど精度の点でも課題がある。

これらの経験を踏まえて著者が開発したVESAPは、簡易なもので、比較的容易かつ平易に使用できる。VESAP解析の所要時間は一回で通常2～5秒程度と極めて短時間で、

① 温度の時間的変化
② 曲率の時間的変化
③ 反り変形量の時間的変化
④ 熱応力
⑤ ひずみの時間的変化

をシミュレーションすることができる。ここからVESAP解析の基礎式の誘導と、その解析結果の妥当性を多層構造体など多方面から各種事例を挙げて検証する。主に、昨今注目されているWLPなど大面積シリコンウェハへの樹脂接着で課題である加熱から冷却までの一連の熱負荷に対応した反り変形挙動に焦点を当て、VESAP解析と実験の両者の結果を比較する。また、CSP－μBGAなど各種半導体パッケージの分野に応用可能な事例についても紹介する。

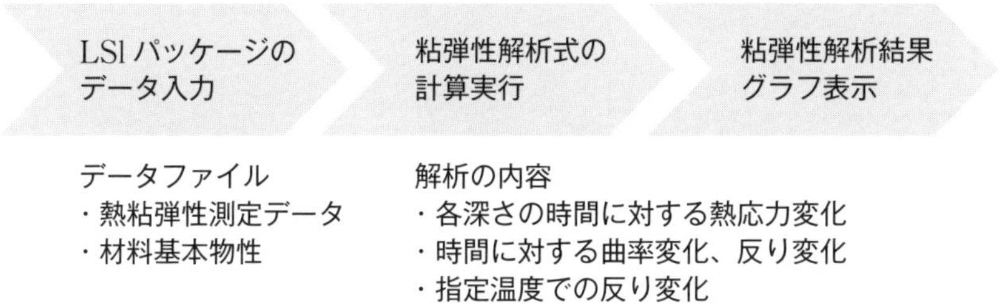

図6-3　粘弾性応力・変形解析の概念

6.4　VESAP開発の考え方

半導体パッケージや実装基板などのエレクトロニクス機器の分野においては、特にCSP−μBGA（Chip Scale Package−Ball Grid Array）タイプの開発が熾烈を極めている。これらはLSIチップ、エラストマ、接着剤、TABテープ、Cu箔付FR−4基板等の多種多様な材料を複合化したもので、構成材料の線膨張係数や弾性係数などの粘弾性特性が異なるため、製造時に250℃程度以上の熱が負荷されるはんだリフローや熱サイクル試験など各種熱プロセスを受ける過程で、製品は複雑な熱応力や反り変形挙動が生じる。そして、これらがCSP−μBGAの界面剥離や樹脂亀裂の発生、ならびに反り変形によるプリント基板への接続実装不良など不具合の原因となる。したがって、CSP−μBGAパッケージなどの設計や製造に当たっては、構成材料の粘弾性特性や構造・寸法および熱プロセスの最適化設計が必須の課題である。

6.5　基礎式の誘導

今節では粘弾性解析に用いる計算について説明する。**図6-4**に示すような材料1, 2, 3, …, nのn層からなる矩形（長方形）の断面をもつ積層体を考える。積層体の長さをl、深さをd、厚さをhとして、これらの間には$l \gg d \gg h$の関係があるものとする。深さ方向をx、厚さ方向をy、長手方向をzとする直角座標を設け、表面をx=0、材料1と材料2との接合界面を$x=x_1$、以下同様に$x=x_2$, $x=x_3$, …, $x=x_n$とする。

この積層体全体を保持温度T_hから徐冷あるいは両表面（x=0, x=d）を冷却温度T_cに急冷する場合を考える。前者の徐冷の場合は積層体内部の温度は一様であり、時間 t のみの関数 $T(t)$ となる。急冷における温度分布は、はりの両側面 $\left(\mathrm{y}=\pm\dfrac{h}{2}\right)$ は断熱するものとし、かつ構成材料の温度伝導率は温度によって変化せず一定とすれば、一般に熱力学で用いられる非定常熱伝導の式から求めることができ、温度分布は座標 x および時間 t の関数 $T(\mathrm{x}, t)$ となる。

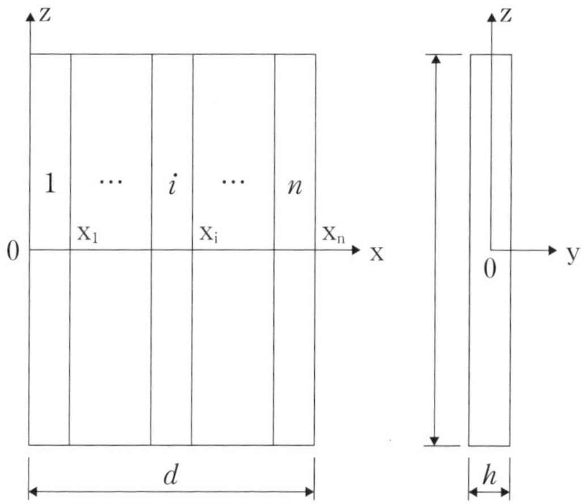

図 6-4　*n* 層からなる積層体モデルと座標

積層体内部に生じる熱応力は、時間的に変化する温度分布 $T(\mathrm{x}, t)$ によって z 軸方向にのみ生じる。この z 軸方向の熱応力は座標 x、時間 t の関数となり、これを $\sigma(\mathrm{x}, t)$ とする。この熱応力によるひずみを $\varepsilon(\mathrm{x}, t)$ とすると、熱応力 $\sigma(\mathrm{x}, t)$ とひずみ $\varepsilon(\mathrm{x}, t)$ の間には、構成材料が線形熱粘弾性体であり、かつ時間―温度換算則が成立すれば、次式の関係が成り立つ。

$$\sigma(\mathrm{x}, t)=\int_0^t E_{\mathrm{ri}}(t'-\tau', T_0)\frac{\mathrm{d}}{\mathrm{d}\tau'}\varepsilon(\mathrm{x}, \tau')\,\mathrm{d}\tau' \quad \cdots\cdots(6.1)$$

ここで、$E_{\mathrm{ri}}(t', T_0)$ は $i\,(1, 2, \cdots, n)$ 層の基準温度 T_0 における緩和弾性係数、また、t'、τ' は換算時間であり、これは i 層の時間―温度移動因子を $\mathrm{a_i}(T)$ とすれば、次式から求められる。

$$t' = \int_0^t \frac{\mathrm{d}u}{\mathrm{a_i}\,(T\,(\mathrm{x},\,u))} \quad \cdots\cdots (6.2)$$

次に、**図 6-5** のように積層体の座標 x=0 における伸縮を ε_{n} (t)、曲率を κ (t) とすれば、長手方向の応力によるひずみ ε (x, t) は次式で表現される。

$$\varepsilon\,(\mathrm{x},\,t) = \varepsilon_{\mathrm{n}}\,(t) + \kappa\,(t)\cdot\mathrm{x} - \int_{T_h}^{T\,(\mathrm{x},\,t)} \alpha_{\mathrm{i}}\,(T)\,\mathrm{d}T \quad \cdots\cdots (6.3)$$

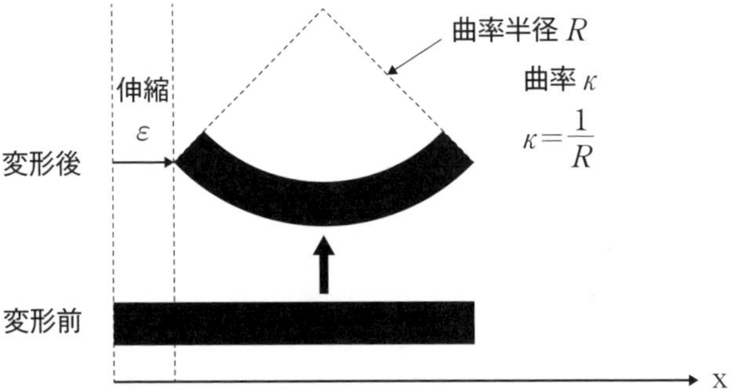

図 6-5　積層体の反り変形前後の模式図

ここで、α_{i} (T) は i (=1, 2, …, n) 層の温度 T における材料の線膨張係数である。

さて、この積層体は冷却過程を通して外部からの拘束がないことより、次に示す力のつりあい式ならびにモーメントのつりあい式が成立する。

$$\int_0^d \sigma\,(\mathrm{x},\,t)\,\mathrm{dx} = 0 \quad \cdots\cdots (6.4)$$

$$\int_0^d \sigma\,(\mathrm{x},\,t)\cdot\mathrm{xdx} = 0 \quad \cdots\cdots (6.5)$$

そこで、式 (6.4)、(6.5) に式 (6.1)～(6.3) を代入すると次の微分積分方程式が求まる。

$$\sum_{i=1}^{n}\int_{x_{i-1}}^{x_i}\int_0^t E_{ri}(t'-\tau',\ T_0)\ \frac{d}{d\tau'}$$

$$\left\{\varepsilon_n(\tau')+\kappa(\tau')\cdot x-\int_{T_h}^{T(x,\tau)}\alpha_i(T)\,dT\right\}d\tau'\cdot dx=0 \quad \cdots\cdots\cdots\ (6.6)$$

$$\sum_{i=1}^{n}\int_{x_{i-1}}^{x_i}\int_0^t\left[E_{ri}(t'-\tau',\ T_0)\ \frac{d}{d\tau'}\right.$$

$$\left.\left\{\varepsilon_n(\tau')+\kappa(\tau')\cdot x-\int_{T_h}^{T(x,\tau)}\alpha_i(T)\,dT\right\}\right]x\ d\tau'\cdot dx=0 \quad \cdots\cdots\ (6.7)$$

式（6.6）、（6.7）は、積層体を徐冷か急冷かを問わず冷却した場合に生ずる熱応力や反り変形量などを求める基礎式である。すなわち、式（6.6）、（6.7）を連立方程式として解けば伸縮 $\varepsilon_n(t)$ と曲率 $\kappa(t)$ を求めることができる。また、式（6.1）、（6.2）から熱応力分布 $\sigma(x, t)$ を求めることができる。そして、$\sigma(x, t)$、$\varepsilon_n(t)$ および $\kappa(t)$ は急冷後に時間が十分経過し、積層体全体が冷却温度 T_c に一様になった状態においてもなお残留する場合に、これらは残留熱応力 $\sigma_r(x)$、残留伸縮 ε_{nr}、残留曲率 κ_r となる。

このようにして誘導した熱応力や曲率などは、後述するエレクトロニクス機器に用いる各種半導体パッケージや電子部品を構成する樹脂材料の物性値を代入すれば定量的に熱応力や反り変形量が算出できる。そして、これらの数値が信頼性の高いエレクトロニクス機器等の材料設計や構造設計の最適化に寄与するものである。また、残留熱応力 $\sigma_r(x)$、残留伸縮 ε_{nr}、残留曲率 κ_r は、一般的に製品の信頼性を悪くするものである。すなわち、残留熱応力などは経時的に製品の亀裂発生や反り変形の原因となり、特に樹脂は時間と温度の影響を強く受けることから設計段階で注意が必要である。

第7章 エポキシ系樹脂と金属からなる積層体の事例

7.1 はじめに

本章では、多層積層体の最も基本的なモデルとして

(1) エポキシ樹脂とAl合金

(2) 半導体パッケージ用封止樹脂と42アロイ（鉄に42%のニッケルを配合した合金のこと）からなる二層積層体

を対象として、VESAP解析と実際の測定値並びに有限要素法（FEM）による弾性解析の三者を比較した事例について述べる。

具体的には、(1)については、エポキシ樹脂のガラス転移温度 T_g 以上の保持温度 T_h から冷却温度 T_c まで徐冷と急冷の2種類の冷却方法を取り上げ、(2)については、(1)と同様に高温から冷却した場合を取り上げ、それぞれ反り変形量をエポキシ系樹脂の粘弾性特性を考慮したVESAP解析とFEMによる弾性解析、および実測値の三者を比較した。

なお、**図7-1**は一例として(1)について解析と実験内容と手順を示したものである。

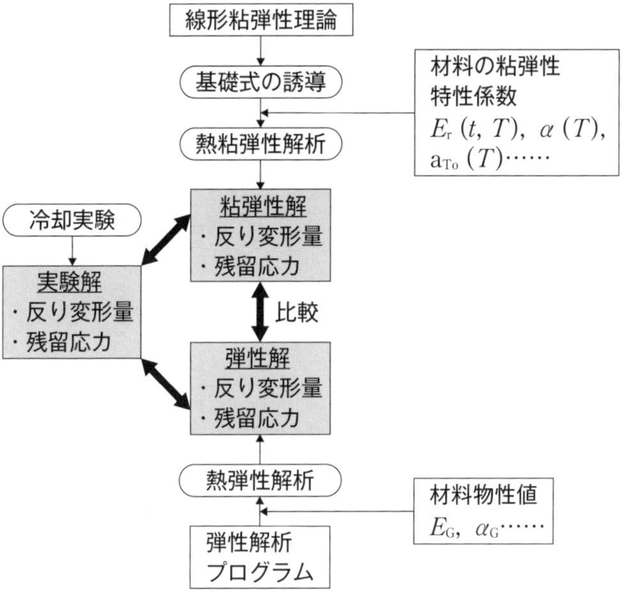

図 7-1　粘弾性解析および弾性解析と実験値の比較

7.2　積層体の構成

(1)　エポキシ樹脂と Al 合金の積層体の場合

図 7-2 に示す粘弾性特性を示し、かつ時間―温度換算則が成立するエポキシ樹脂と弾性体の Al 合金からなる積層体を用いた。これらの構成材料の熱的・機械的性質を**表 7-1** に示す。エポキシ樹脂は室温から 180℃の温度範囲において、ひずみが 1.5%以下で線形粘弾性挙動を示し、その緩和弾性係数のマスター曲線を**図 7-3** に、この際の時間―温度移動因子を**図 7-4** に示す。ここで、積層体の寸法は長さ l=150mm、幅 h=5 mm、Al 合金部分で深さ a=2 mm、エポキシ樹脂部分で深さ b=20mm とした。

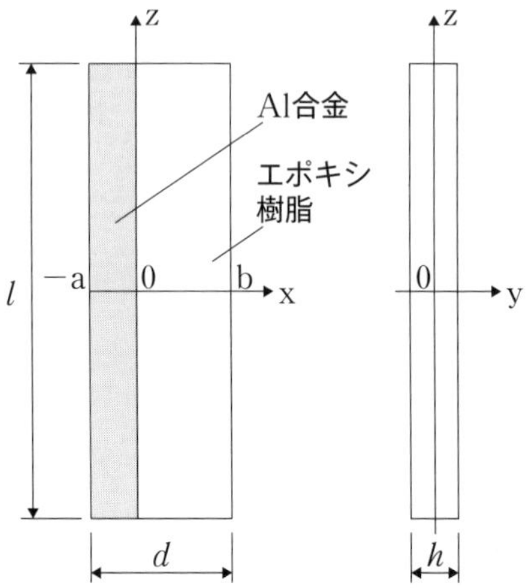

図 7-2　エポキシ樹脂と Al 合金の積層体

表 7-1　材料の物性値

材料		エポキシ樹脂	Al 合金
温度伝導度 (m^2/s)*		1.09×10^{-7}	9.22×10^{-5}
縦弾性係数 (GPa)*		3.4	67
線膨張係数 ($10^{-6}/K$)	$T\leqq T_g$	88	24
	$T>T_g$	217	
ガラス転移温度 T_g (℃)		89	なし

*20℃での測定値

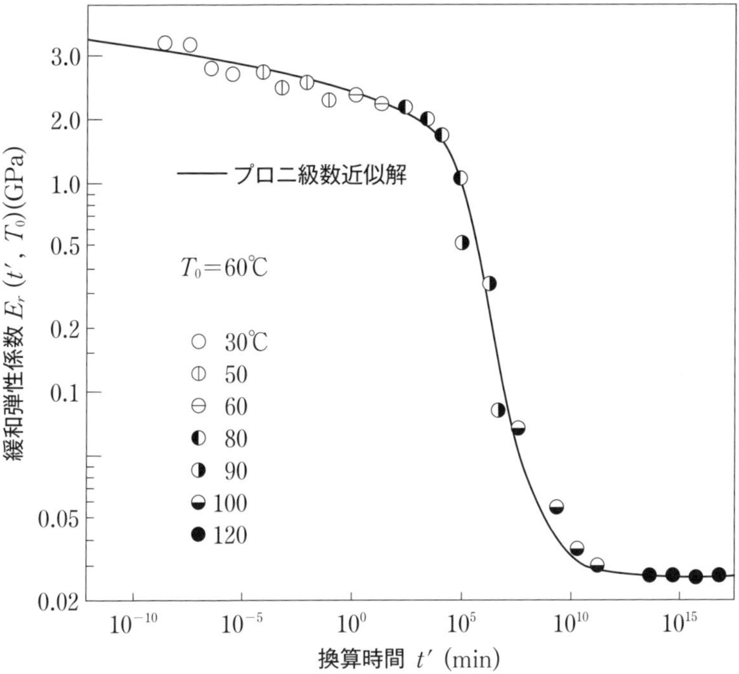

図 7-3　エポキシ樹脂の緩和弾性係数

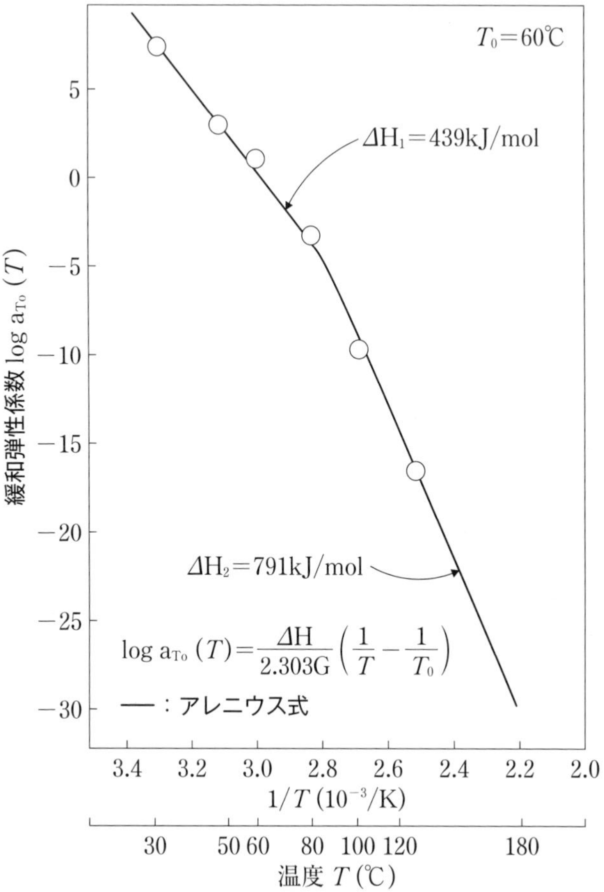

図 7-4　エポキシ樹脂の時間―温度移動因子

(2)　封止樹脂と42アロイの積層体の場合

積層体はLSI封止用樹脂とリードフレーム用のFe−Ni合金（42アロイ）で構成した。ここで、LSI封止用樹脂はレジンAとビフェニル系タイプのレジンBの2種類とした。レジンAとレジンBおよび42アロイの材料物性を**表7-2**に示す。これらのレジンは主剤のエポキシ樹脂に溶融石英フィラーを60〜70 vol %充填したもので、**図7-5**と**図7-6**にそれぞれレジンAおよびレジンBの緩和弾性係数のマスター曲線を示す。これらの図から、両レジンとも極短時間から極長時間にわたって1本の滑らかなマスター曲線が得られた。また、この際の時間―温度移動因子は**図 7-7** に示すように、両レジンとも低温部と高温部とで活性化エネルギー ΔH の異なる2本のアレニウス式で表現できる。このように、レジンAとレジンBはともに著しい粘弾性挙動を示し、かつ時間―温度換算則が成立する材料である。また、構成材料のその他の物性値を**表 7-2** に示す。

表 7-2　構成材料の熱的性質

物性 ＼ 材料	熱伝導率 (W/m·K)	比熱 (kJ/kg·K)	密度 (kg/m^3)	ガラス転移温度 T_g (℃)	線膨張係数 (10^{-6}/℃)	
					$T \leqq T_g$	$T > T_g$
レジン A	0.753	0.950	1870	152	16.4	65
レジン B	0.879	0.950	1980	113	13.1	48
42 アロイ	15.93	0.46	8120	—	5	

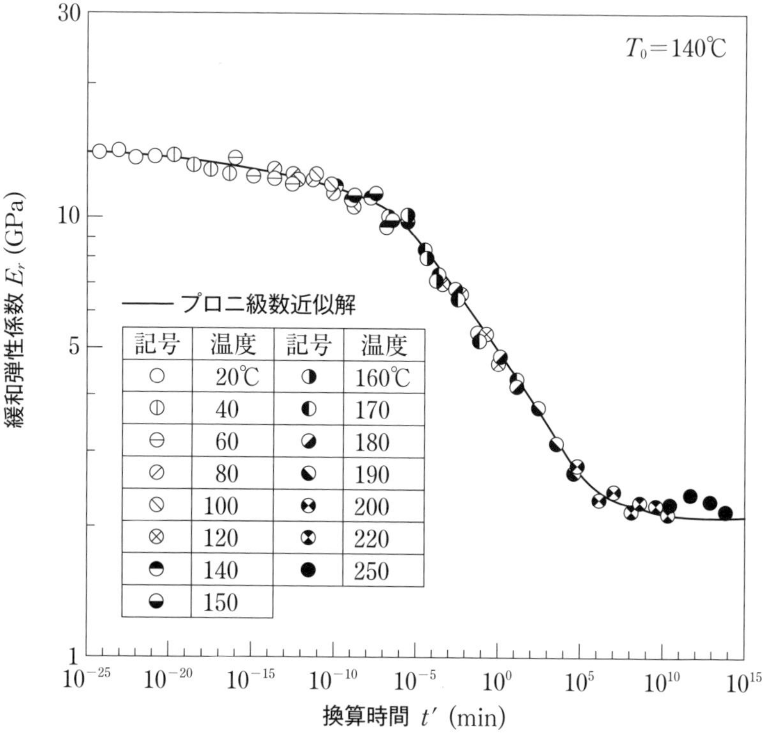

図 7-5　レジン A の緩和弾性係数のマスター曲線

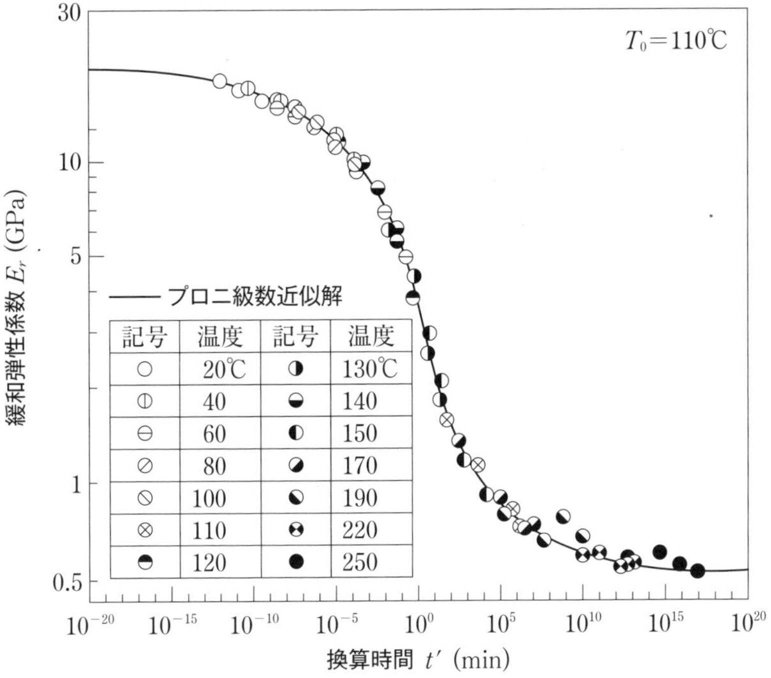

図 7-6　レジン B の緩和弾性係数のマスター曲線

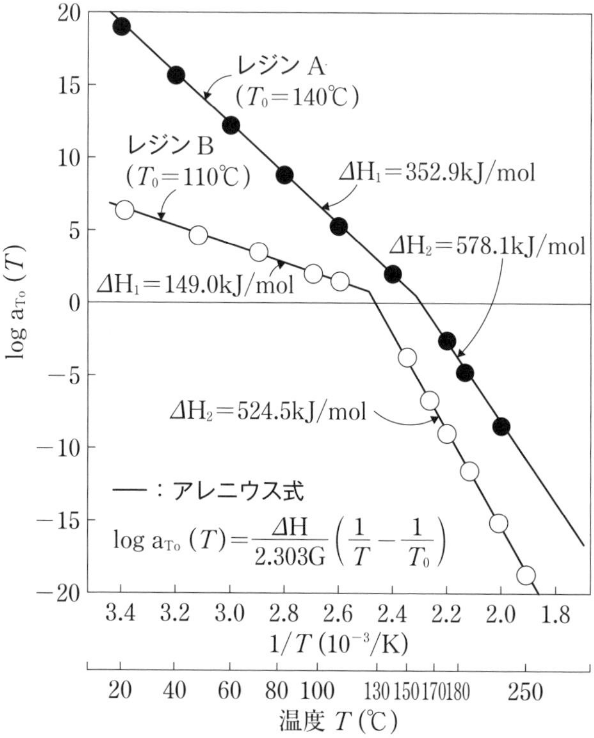

図 7-7　レジン A とレジン B の時間―温度移動因子

7.3　解析方法

VESAP 解析に当たっては、**表 7-1** と**表 7-2** の物性値と**図 7-3** および**図 7-5**、**図 7-6** のマスター曲線をプロニ級数で近似し、さらに**図 7-4** と**図 7-7** の時間―温度移動因子を高温部と低温部で活性化エネルギー ΔH の異なる 2 本のアレニウス式で近似し、これらの値を用いた。解析の際の温度条件は、上記(1)については、**図 7-2** に示す積層体を保持温度 T_{h}=180℃に保持したのち、

(i)　室温 T_{e}=20℃まで約 1℃/min の冷却速度で徐冷した場合

(ii)　20℃まで水中急冷した場合

の 2 条件とした。急冷の場合の積層体内部の温度分布の計算には、**表 7-1** の温度伝導率を用いた。なお、VESAP 解析には前述の式を差分形式で表現し、逐次代入法により行った。また、上記(2)についても基本的に(1)と同じ方法で、**図 7-5**、**図 7-6**、**図 7-7** および**表 7-2** を用いて解析した。

一方、汎用の FEM による弾性解析においては**表 7-1** と**表 7-2** に示す室温のエポキシ樹脂と Al 合金および封止樹脂と 42 アロイの縦弾性係数、ならびに線膨張係数の値を用いた。これらの解析結果は実験結果と比較して後述する。

7.4　積層体の冷却実験

VESAP 解析に用いた積層体を実際に製作し、解析と同じ温度条件で徐冷および急冷実験を行い、冷却途中の反り変形量と冷却後の残留応力分布を逐次除去法で測定した。

(1)　試験片

エポキシ樹脂の帯板と Al 合金の帯板を用意し、180℃の雰囲気中で接着接合し、**図 8-2** に示す積層体を作製した。

(2)　冷却方法

徐冷実験は積層体を 180℃の加熱雰囲気で十分保持した後、1℃/min の冷却速度で室温 20℃まで冷却した。一方、急冷実験は断熱体である透明なシリコーンゴム板を積層体の両側面に取付け保持温度 180℃で十分保持した後、冷却温度 10℃の流水中にすばやく投入し、積層体と冷

却水の温度がほぼ等しくなるまで流水中に保持した。

なお、積層体に埋め込んだ熱電対によって徐冷実験における温度の均一性を確認する一方、急冷実験における温度が深さ方向にのみ分布することも確認した。

7.5　解析結果と実験値

エポキシ樹脂とAl合金の積層体の場合

冷却途中の変形について、徐冷の場合は割愛し、急冷の場合について示す。**図7-8**の上段は、積層体を急冷した場合の積層体の表面および内部の温度の時間的変化を示したものである。理論解（VESAP解）は積層体の両表面が$t=0$において瞬時に冷却温度20℃になったとして、非定常熱伝導の式より求めたものであるが、この計算された時間的に変化する温度分布は積層体内部における熱電対による実験値とよく一致した。

図7-8の中段、下段には積層体の急冷の場合の時々刻々変化する伸縮と曲率のVESAP解、FEMによる弾性解および実験値を示している。伸縮は3つの解にはほとんど差が認められないが、曲率のVESAP解と弾性解は著しく異なり、実験値はVESAP解と極めてよく一致している。

以上の事実より、積層体の急冷過程における反り変形は構成材料の粘弾性挙動によって生ずるものであることが明らかになった。なお、徐冷については省略したが、急冷の場合と同様に実験値は弾性解とは一致しないがVESAP解とは良い一致をみた。このことからも、VESAP解析の妥当性が確認できる。

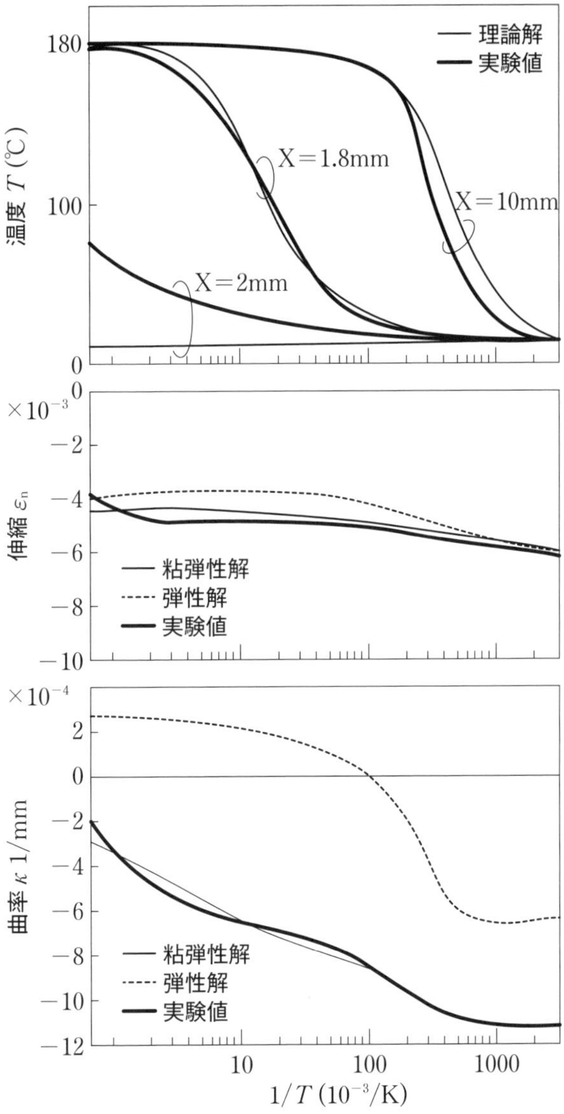

図 7-8　急冷した場合の時間変化

図 7-9 に、急冷後の室温における積層体の残留応力分布を VESAP 解、FEM による弾性解、ならびに実験値と比較して示す。この図から

わかるように、VESAP解（粘弾性解）は弾性解と大きく異なるが、実験値とは極めてよく一致している。また、エポキシ樹脂とAl合金の界面では大きな残留応力の差（せん断応力に相当）が生じ、残留応力は接合界面近傍で引張応力であるが、表面に向かって圧縮の残留応力へと曲線的に分布することが特徴である。

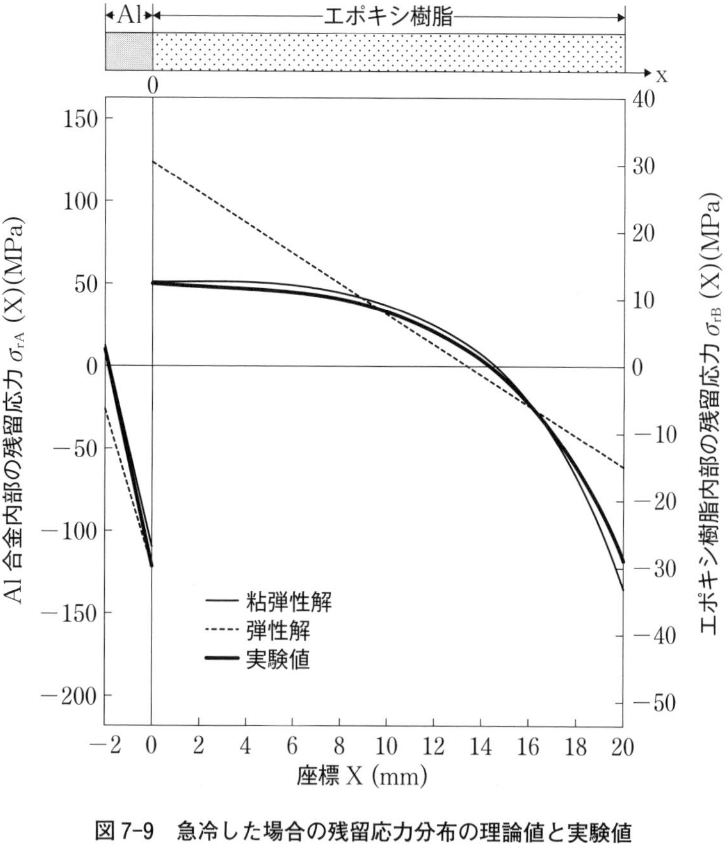

図7-9　急冷した場合の残留応力分布の理論値と実験値

封止樹脂と42アロイの積層体の場合

LSI封止用樹脂と42アロイからなる積層体を高温から冷却した場合に生じる反り変形量のVESAP解析の結果（粘弾性解）を、弾性解ならびに実験値と比較してそれらの代表事例を、**図 7-10**、**図 7-11** に示す。**図 7-10** はガラス転移温度 T_g が高いレジン A の場合を、**図 7-11** はガラス転移温度が低いレジン B の場合を示し、レジンの厚さは 1.25mm である。

これらの図からわかるように、積層体の反り変形挙動に関する VESAP 解は実験値とよく一致するが、弾性解とは大きく異なる。すなわち、積層体の反り変形量は冷却直後の 175℃の成形時にはほぼゼロであるが、その後冷却時間の経過とともにレジンと 42 アロイとの熱収縮量の差によって反り変形が発生する。そして、レジンのガラス転移温度 T_g までは反り変形量は急激に増大するが、T_g 以下の温度になると反り変形の増加傾向が緩やかとなり、冷却時間が十分経過して積層体の温度が 20℃になった状態で一定値に収束する。これは、レジンの T_g 以上の温度における線膨張係数が T_g 以下の温度における線膨張係数より 4 倍程度大きいためと考えられる。

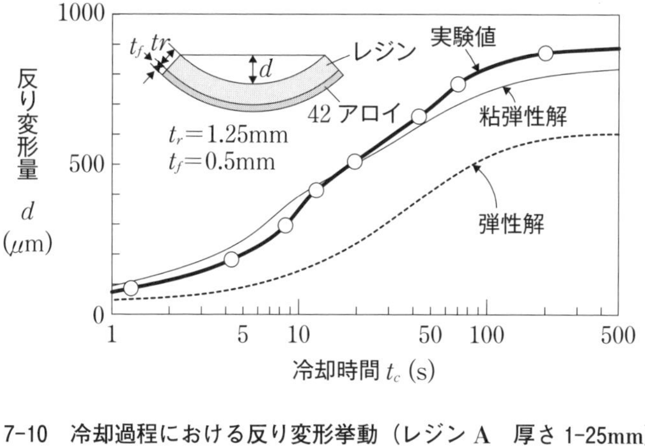

図 7-10　冷却過程における反り変形挙動（レジン A　厚さ 1-25mm）

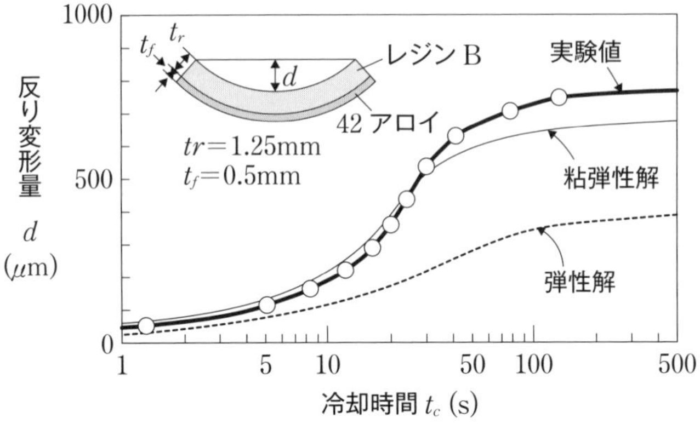

図 7-11　冷却過程における反り変形挙動（レジン B　厚さ 1.25mm）

7.6　まとめ

以上のことから分かるように、積層体の冷却後の反り変形量や残留応力はエポキシ樹脂の粘弾性挙動によって生ずることが明らかになった。さらに、エポキシ樹脂の粘弾性を考慮した VESAP 解析の結果は、積層体の反り変形挙動および残留応力分布が FEM による弾性解析による結果とは著しく異なるが、実験値とは極めてよく一致することから、粘弾性体の樹脂を扱う問題に対しては弾性解析ではなく、VESAP 解析のような粘弾性特性を考慮したが解析が必要不可欠であることがわかる。

また、エポキシ樹脂と Al 合金の積層体の場合で述べたように、冷却速度が積層体の変形や残留応力に影響する。したがって、実際の半導体パッケージを用いるエレクトロニクス機器の実装設計に際しては、樹脂の粘弾性特性と共に製造時の熱プロセスについても注意が必要である。

第8章 汎用の半導体パッケージへの応用

8.1 はじめに

前章で、二層の積層体を徐冷ならびに急冷した場合について、VESAPを用いた粘弾性解析と弾性解析を行ない、これらの結果を実験値と比較することによってVESAP解析の妥当性と有効性が検証できたことを述べた。

本章では、第5章で誘導したVESAPによる粘弾性解析の基礎式を用いて、実用上の問題である汎用の半導体パッケージに適用した。具体的には、汎用の半導体パッケージ形状に近く、かつ基本的形状である三層からなる積層体についてVESAP解析を行い、材料パラメータサーベイを通じて実用上の問題について検討した。

8.2 半導体パッケージの構造

半導体パッケージは前述したように、実装方法で分類すると**ピン挿入**

型と**表面実装型**に大別され、実装方法に対応した形状や構造のパッケージがある。例えば、ピン挿入型にはDIP（Dual Inline Package）やPGA（Pin Grid Array）などが、また表面実装型にはQFP（Quad Flat Package）やBGA（Ball Grid Array）などが代表的である。

半導体パッケージは、LSIチップに電源を供給してLSIチップが発する信号を他のデバイスに伝えたり、外部環境から保護するために樹脂で封止したりするなどのさまざまな働きがある。LSIチップはそのままでは機能しないが、外部を接続して電源供給と電気信号の入出力を可能にしている。LSIチップの能力を最大限に引き出す役割を果たしているのが半導体パッケージである。半導体パッケージの代表例としてDIPの断面図を**図8-1**に示す。LSIチップには微細な配線で電気回路が形成され、これをAgペーストなどでリードフレーム中央部のタブ上に接着接合し、Auワイヤでワイヤボンディングして外部端子のリードフレームと接続し電気信号の入出力できるようにしている。

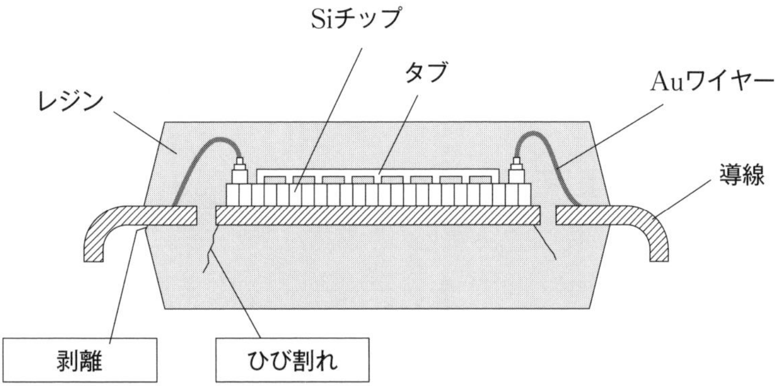

図8-1　汎用のパッケージの例

ここで、LSIチップは一般にシリコン（Si）が用いられ、これは剛性が大きく線膨張係数が極めて小さい材料である。LSIチップには非常に微細な回路が形成されているため、外部からの衝撃やほこり、湿気などの外部環境から保護するために樹脂で封止している。この封止樹脂は、はんだ付けなどで熱が負荷された際に熱膨張・収縮による接着界面の剥離や樹脂亀裂などの不良を無くすためにできるだけICチップの線膨張係数に近づけた樹脂構成としている。また同図には半導体パッケージの不良としてタブリードと封止樹脂との界面剥離や樹脂亀裂を模式的に示している。

半導体パッケージは、近年半導体素子の大容量化に伴って、LSIチップの寸法は増大する反面、半導体パッケージの外形は小形・薄肉化の傾向にあるため、強度的に弱い構造となり耐湿性や熱変形など信頼性の確保がますます重要な技術課題となっていた。

8.3 3層の粘弾性積層体モデル

半導体パッケージは前記したように、タブリードとレジンとの界面剥離がその信頼性を阻害する大きな要因の一つになっていた。そこで、タブリードとレジンの界面に生ずる熱応力を評価するため、まず、上記の界面を想定した最も基本的な積層体モデルとしてリード／レジン界面、LSIチップ／レジン界面等を想定した**図8-2**に示す3層からなる積層体を取り上げ、熱応力と熱負荷による反り変形挙動に着目した材料パラメータサーベイを実施した。

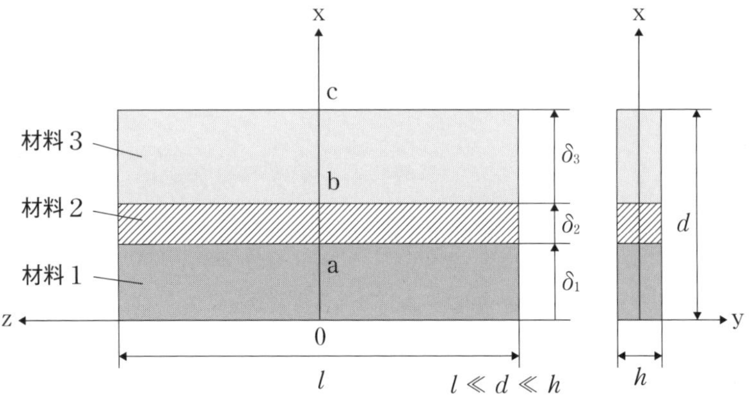

図 8-2　モデル化した積層体

8.4　VESAP 解析による反り変形挙動の解明

温度分布の計算式

半導体パッケージは性質の異なる材料で構成されているため、製造過程において種々の熱が負荷されことになる。半導体パッケージの界面剥離や樹脂亀裂、ならびに反り変形などの不良の原因は熱負荷によるものが多い。したがって、製造時に負荷される熱で半導体パッケージ内部の温度がどのようになっているかを調べる必要がある。温度分布が分かればパッケージ内部のどの箇所で不良が発生するかの予測ができる。このパッケージ内部の温度分布を実測することは現実的に不可能であり、一般には数値解析で求めている。ここではパッケージをモデル化した積層体について熱解析によって温度分布を計算する。

さて、モデル化した積層体を製造時の高温から室温まで冷却した場合に、積層体内部の温度は時間と共に低下し、その温度は場所 x と時間 t

の関数で表される。そこで、時々刻々と変化する積層体内部の温度分布 $T\,(\mathrm{x}, t)$ を求める基礎式を下記の仮定に基づいて誘導する。

(i) 外気と接する両表面においては、熱伝達によって外気と表面の温度差に比例して熱が表面から放出される。

(ii) 三物体の接触面は完全接触であり、両者の温度および流れる熱量は同じである。

(iii) 物体の材料物性値（例えば、比熱、熱伝導率、比重量）は温度に関係せず一定である。

物体の温度を $T\,(\mathrm{x}, t)$ とし、物体1の表面を座標原点とすると、一次元非定常熱伝導の微分方程式および条件式は次式で表現できる。なお、iは積層体を構成する材料の種類を表す。

$$\frac{\partial}{\partial \mathrm{t}} T_{\mathrm{i}}\,(\mathrm{x}, t) = \xi_{\mathrm{i}} \frac{\partial^2}{\partial \mathrm{x}^2} T_{\mathrm{i}}\,(\mathrm{x}, t) \quad \mathrm{i}=1、2、3 \qquad (8.1)$$

初期および境界の条件として次の仮定が概ね成り立つ。すなわち、半導体パッケージに熱を負荷する前、すなわち時間 t が0の時は、3種類の材料とも同じ温度で、かつその温度は初期温度 T_{b} であり、また3材料が接触している界面での熱の伝達などの諸条件から、次式を得る。

$t=0$ で

$$T_1\,(\mathrm{x}, 0) = T_2\,(\mathrm{x}, 0) = T_3\,(\mathrm{x}, 0) = T_h \qquad (8.2)$$

$\mathrm{x}=0$ で

$$\frac{\partial}{\partial \mathrm{x}} T_1\,(0, t) - \frac{\alpha_1}{\lambda_1}\{T_1\,(0, t) - T_{\mathrm{c}}\} = 0 \qquad (8.3)$$

$\mathrm{x}=\mathrm{a}$ で

$$T_1\,(\mathrm{a}, t) = T_2\,(\mathrm{a}, t) \qquad (8.4)$$

$$\lambda_1 \frac{\partial}{\partial \mathrm{x}} T_1\,(\mathrm{b}, t) = \lambda_2 \frac{\partial}{\partial \mathrm{x}} T_2\,(\mathrm{b}, t) \qquad (8.5)$$

$\mathrm{x}=\mathrm{b}$ で

$$T_2\,(\mathrm{b}, t) = T_3\,(\mathrm{b}, t) \qquad (8.6)$$

$$\lambda_2 \frac{\partial}{\partial \mathrm{x}} T_2\,(\mathrm{b}, t) = \lambda_2 \frac{\partial}{\partial \mathrm{x}} T_2\,(\mathrm{a}, t) \qquad (8.7)$$

x=c で

$$\frac{\partial}{\partial x} T_3(c, t) - \frac{\alpha_3}{\lambda_3}\{T_3(c, t) - T_c\} = 0 \quad \cdots\cdots (8.8)$$

そこで、式（8.2）～（8.8）の条件を満足するように式（8.8）を解くと、求める物体 1、2、3 の温度分布 $T_1(x, t)$、$T_2(x, t)$、$T_3(x, t)$ は最終的に次式で表される。

(1)　$0 \leq x \leq a$

$$T_1(x, t) = T_c + 2(T_h - T_c)\sum_{n=1}^{\infty} \frac{V_1(un, x)}{W(un)} \exp\left(-\frac{\xi_2 \cdot un^2}{\delta_2^2} t\right) \quad \cdots\cdots (8.9)$$

(2)　$a \leq x \leq b$

$$T_2(x, t) = T_c + 2(T_h - T_c)\sum_{n=1}^{\infty} \frac{V_2(un, x)}{W(un)} \exp\left(-\frac{\xi_2 \cdot un^2}{\delta_2^2} t\right) \quad \cdots (8.10)$$

(2)　$b \leq x \leq c$

$$T_3(x, t) = T_c + 2(T_h - T_c)\sum_{n=1}^{\infty} \frac{V_3(un, x)}{W(un)} \exp\left(-\frac{\xi_2 \cdot un^2}{\delta_2^2} t\right) \quad \cdots (8.11)$$

$$\xi_i = \frac{\lambda_i}{C_i \rho_i},\ K_i \sqrt{\lambda_i \rho_i C_i}\ (i=1, 2, 3),\ m = \frac{\alpha}{\delta_2}\sqrt{\frac{\xi_2}{\xi_1}},\ p = \frac{\delta_3}{\delta_2}\sqrt{\frac{\xi_2}{\xi_3}}$$

ここで、

$$V_1 = \frac{h_1}{\lambda_1},\ Ha = V_1 a,\ V_3 = \frac{h_3}{\lambda_3},\ H_\delta = V_3 \delta_3$$

λ：熱伝導率, ρ：密度, c：比熱, h：熱伝達率

材料物性値と解析条件

VESAP 解析にあたっては、**表 8-1** の物性値と、**図 8-3**、**図 8-4** にそれぞれレジン A とレジン C の緩和弾性係数のマスター曲線をプロニ級数で近似し、さらに、**図 8-5** と **図 8-6** に示すそれぞれの時間―温度移動因子を高温部と低温部で活性化エネルギー ΔH の異なる 2 本のアレニウス式で近似し、これらの値を用いた。また、リードフレーム用の金属材料としては**表 8-1** に示したが、Sn／Ni メッキを施した Cu と Fe－Ni 合金である 50 アロイ (50Ni)、および 42 アロイ (42Ni) の 2 種類を用い

た。

一方、VESAP解析の温度条件としては、成形温度とほぼ等しい高温保持温度180℃に保持した後、室温20℃まで冷却した場合とした。このときの冷却速度は、前述のようにリードフレームの付いた半導体パッケージを空気冷却した場合とし、熱伝達率40kcal／m^2h ℃を採用した。なお、VESAP解析は前述と同様の方法で行った。

表 8-1　物性一覧

物性	レジン A	レジン B	レジン C	Cu	42 アロイ	50 アロイ
λ（kcal/mh℃）	0.677	0.652	0.742	133.2	13.7	13.3
C（kcal/kg℃）	0.22	0.211	0.196	0.09	0.11	0.11
ρ（kg/m^3）	1823	1832	1940	8600	8120	8300
T_g（℃）	135	132	158	—	—	—
α_1（10^{-5}/K）	1.7	1.72	1.00	1.7	0.58	1
α_2（10^{-5}/K）	5.46	6.24	3.99	—	—	—
E（GPa）	1.3～1.12	2.1～21.0	7.7～22.7	115	150	168

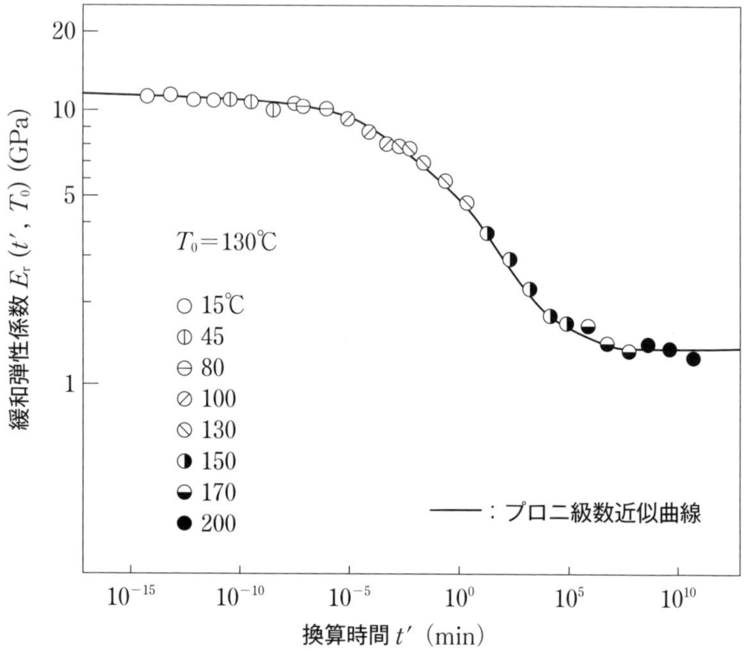

図 8-3　レジン A のマスター曲線

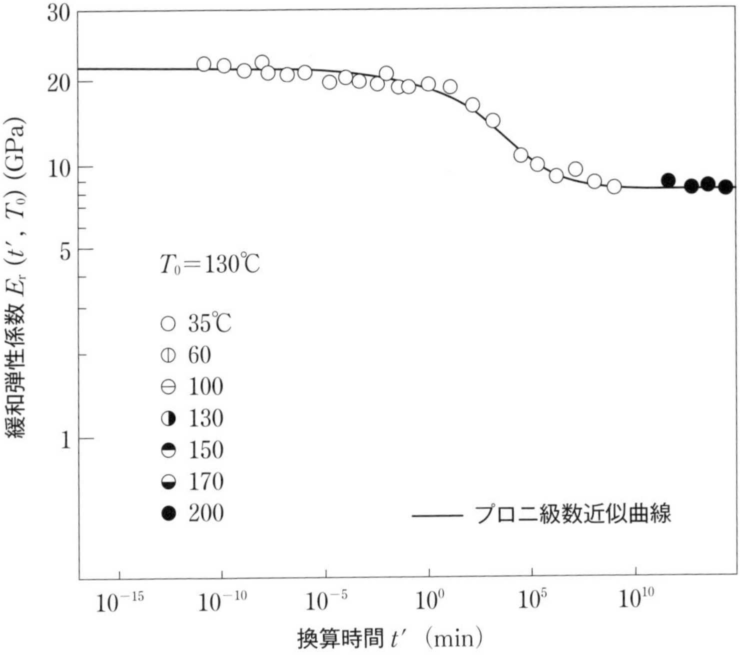

図 8-4　レジン C のマスター曲線

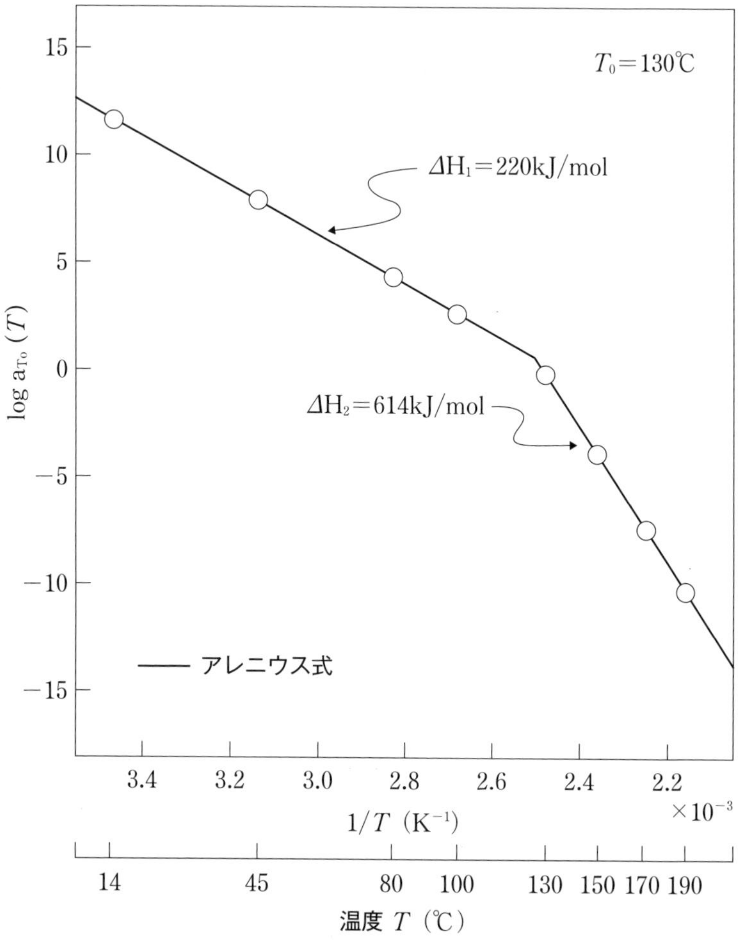

図 8-5　レジン A の活性化エネルギー

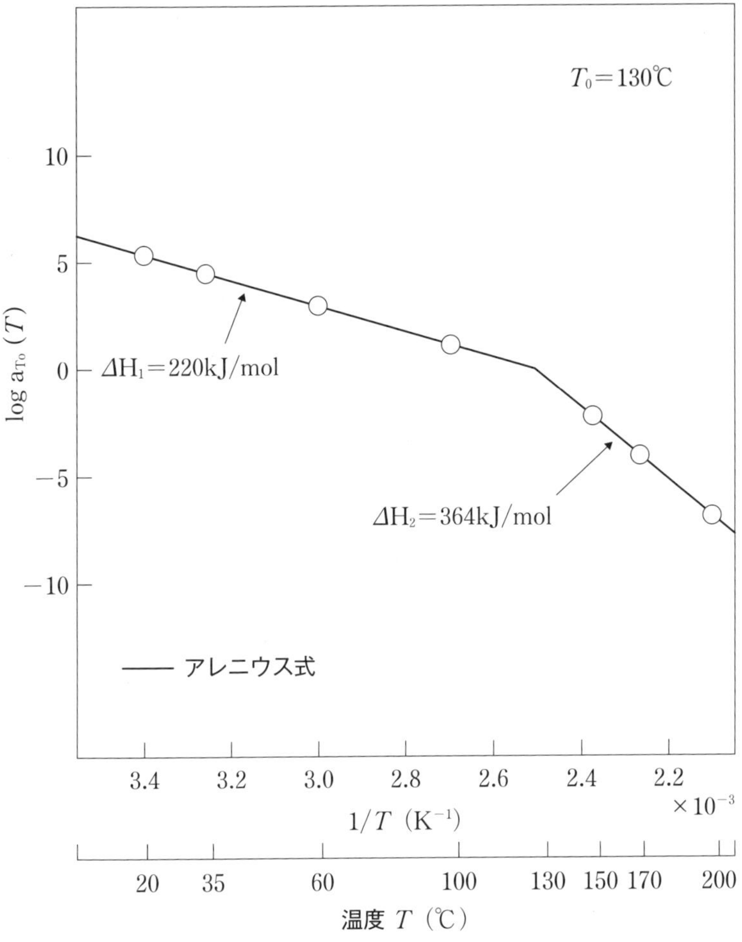

図 8-6　レジン C の活性化エネルギー

解析結果と考察

三層積層体に生ずる熱応力と反り変形の解析にあたっては、代表例として①レジン A／Cu リード／レジン A、②レジン C／50 アロイ／レジン C、③レジン C／Cu リード／レジン C の 3 種類の組合せを用いた。

解析結果として、冷却途中に時々刻々と変化する界面部の熱応力（界面熱応力）を**図 8-7** に、また、曲率の時間的変化を**図 8-8** に示す。界面熱応力とは、レジンとリードの界面において、界面近傍のレジン側の熱応力とリード側の熱応力との差を表したもので、界面熱応力の値が大きいことは両者の界面で隔離が生じやすいことを意味している。**図 8-7** からわかるように⑴レジン A／Cu リード／レジン A および⑵レジン C／50 アロイ／レジン C の組合せでは、界面熱応力が冷却に伴って単調増加し、その後 200s 程度で一定値となることがわかる。すなわち、室温においてはレジンとリードの界面に⑴の組合せでは 50MPa 程度が、また⑵の組合せの場合には 60MPa 程度の界面熱応力が存在していることになる。ここで、両者の組合せにおいて界面熱応力が一定値となる時間は、レジンの温度が丁度ガラス転移温度と等しくなる時間に対応している。すなわち、レジンのガラス転移温度以下では、リードとレジンの線膨張係数が一致しているために、両者の熱応力差は生ぜず一定値を示すことになる。

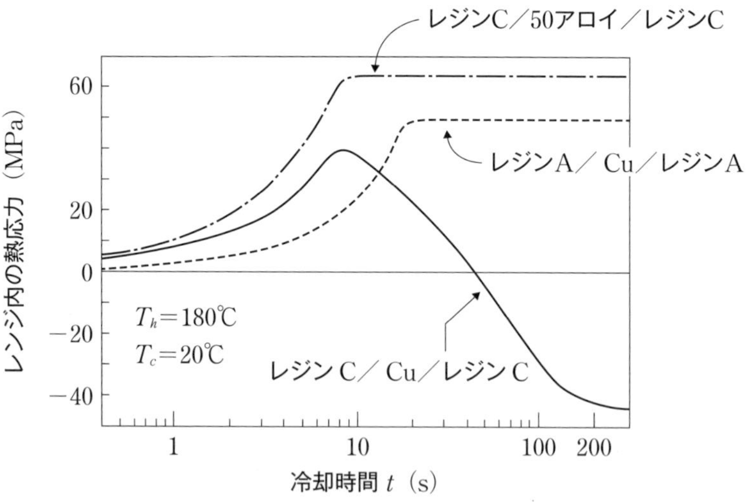

図 8-7　冷却過程での熱応力の変化

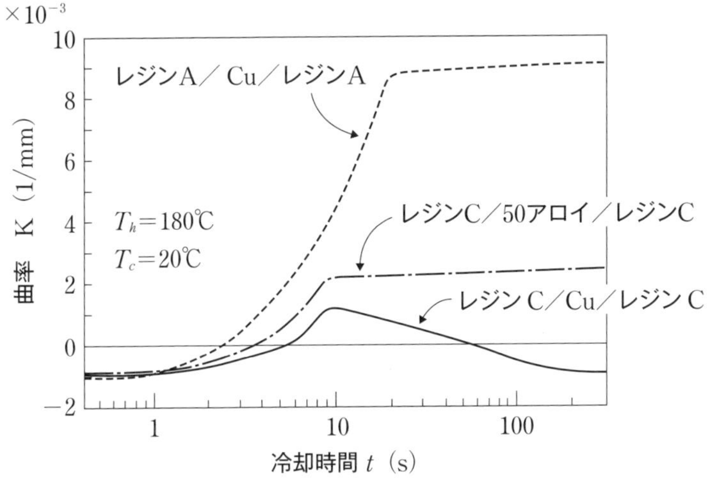

図 8-8　冷却過程での曲率の変化

一方、(3)レジンC／Cuリード／レジンCの組合せでは、他の(1)と(2)の2つの組合せの界面熱応力の挙動とは異なる。すなわち、(3)の場合には冷却の初期では正の界面熱応力を示すのに対して、時間が経過して冷却が進むと逆に負の界面熱応力へと逆転し、いわゆる両振りの界面熱応力を示すのが特徴的である。

このことは、**図 8-8** に示す曲率の変化でもわかるように、組合せ(1)および(2)の場合には、両者ともに上が凸の状態に反り変形が生じるが、(3)の場合には最初は上に凸に反り、その後反りが減少して平坦となり、やがて下に凸の反り変形を示して室温に至ることがわかる。なお、図中では省略されているが**図 8-7**、**図 8-8** の一定値になる温度は20℃であった。

図 8-9 に、これらの3種類のレジン／リード／レジンの組合せにおける三層積層体内部に発生する残留応力分布を示す。なお、ここでは室温における各積層体の熱応力を残留応力と呼ぶ。この図から、(1)レジンA／Cuリード／レジンAおよび(2)レジンC／50アロイ／レジンCの組合せでは、レジン内部で引張の残留応力を、リード内部では圧縮の残

留応力を示すのに対して、線膨張係数が両材料で異なる(3)レジン C／Cu リード／レジン C の組合せでは、これら 2 つの組合せとは逆の残留応力分布を示す。また、いずれの材料においても、積層体内部の残留応力はほぼ均一な分布を示していることがわかる。

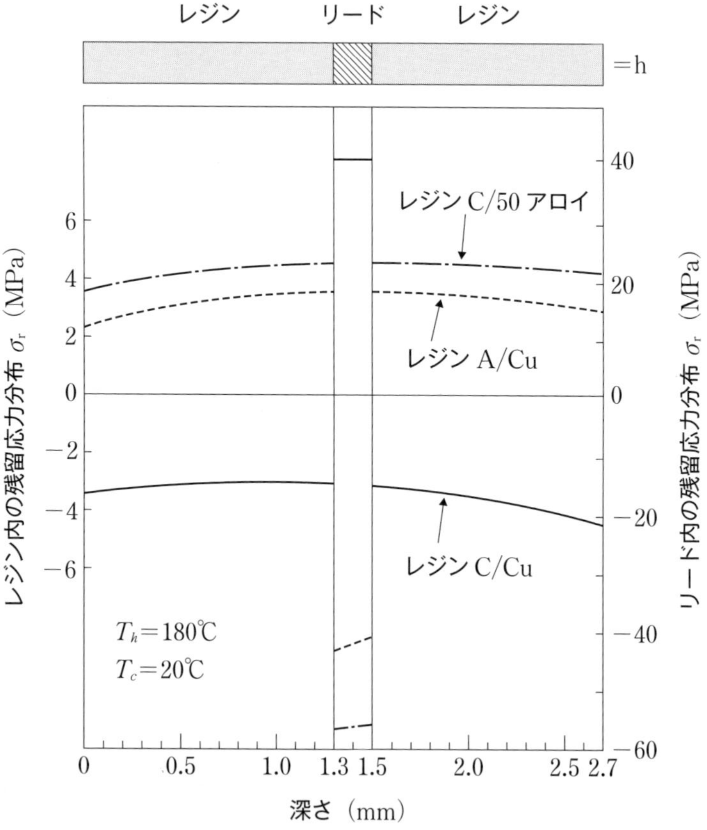

図 8-9　三層積層体内部の残留応力分布

一方、積層体の反り変形を表す曲率の時間的変化は**図 8-8** に示したように、(1)レジン A／Cu リード／レジン A の組合せが、(2)レジン C／50 アロイ／レジン C および(3)レジン C／Cu リード／レジン C の組合せの場合より大きくなる。しかし、曲率の絶対値は小さく、ほとんど反り変形が生じないことがわかる。

以上述べたように、三層積層体の場合には界面に発生する熱応力の時間的な変化挙動は、リードとレジンの線膨張係数の違いや積層体の材料内部の熱伝導率の違い等によって大きく異なることがわかる。このことから、一般の半導体パッケージの設計開発に当たっては、界面剥離の原因となる熱応力や反り変形を小さくするための最適な構成材料の組合せが存在する。この基礎的な解析で概ね分かったことは、構成材料の線膨張係数に差がない材料を選定することやレジンのガラス転移温度が反り変形量に大きく影響することである。したがって、設計段階において事前にレジンの粘弾性挙動を考慮したVESAP解析などを行えば材料設計、熱プロセス設計および形状・寸法設計の最適化が実現できる可能性を示している。

第9章 CSP-μBGAへの応用

9.1 CSP-μBGAの構造とモデル化

前章で、汎用の半導体パッケージをモデル化した三層からなる積層体を対象として、その層構成の適正化について述べた。

本章では、昨今注目されている極限にまで小型・薄型化したCSP－μBGA（Chip Scale Package－μBall Grid Array）について、その構成材料や構造、熱プロセスの観点から最適化設計の具体的事例について述べる。

CSP－μBGAの断面構造を**図9-1（a）**に示す。このCSP－μBGAはLSIチップとポリイミドフィルムとの間に軟質のエラストマを介在させて熱応力を緩衝する構造を採っている。また、ポリイミドフィルムとCuリードの端部はフィラー充填のエポキシ樹脂を用いて封止する構造である。

そこで、このCSP－μBGAの熱応力と反り変形挙動を予測するためにVESAP解析を行った。解析にあたっては、これを**図9-1（b）**に示す多層の積層体にモデル化した。ここで、Cuリードと封止樹脂は強度メンバーにならないことから解析対象から除外した。

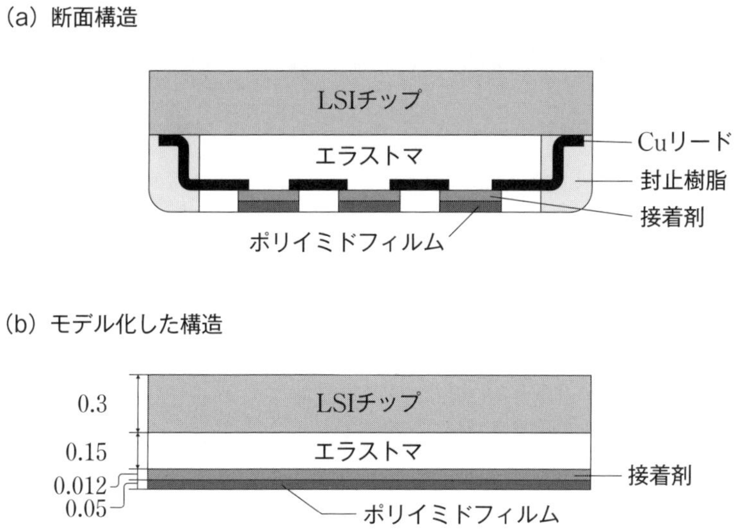

図 9-1　CSP－μBGA の構造とモデル

この積層体において、CSP－μBGA の熱応力と反り変形挙動に大きく影響を及ぼすことが予想されるエラストマ構造に特に着目した。そして、エラストマ構造として、**図 9-2** に示す（a）構造 A、（b）構造 B および（c）構造 C の 3 種類を取り挙げた。

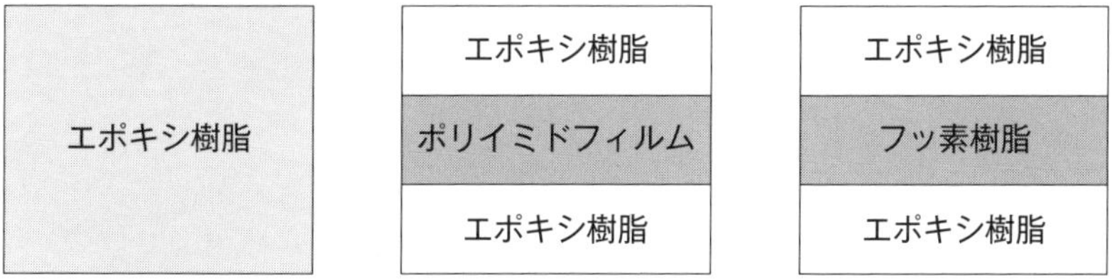

（a）構造 A　（b）構造 B　（c）構造 C

図 9-2　解析するエラストマ構造

9.2 解析に用いた材料物性値

先ほど**図 9-2** に示した積層体を構成する各種材料の熱的・機械的性質を**表 9-1** に示す。ここで、エポキシ樹脂と接着剤およびエポキシアクリレート樹脂は有機材料であり、その熱的・機械的性質は温度と時間の影響を大きく受け、いわゆる著しい粘弾性挙動を示す材料である。

そこで、エポキシ樹脂と接着剤およびエポキシアクリレート樹脂については、低温から高温までの広い温度範囲にわたって周波数を可変パラメータとして動的粘弾性特性を測定した。この測定結果を基準温度 T_0 の下で換算対数時間軸上にプロットし、緩和弾性係数のマスター曲線を作成した。ここでは、その一例としてエポキシ樹脂の緩和弾性係数のマスター曲線を**図 9-3** に示す。この図からわかるように、エポキシ樹脂の緩和弾性係数は極短時間から極長時間にわたって一本の滑らかなマスター曲線が得られ、これをプロニ級数近似して VESAP 解析に用いた。

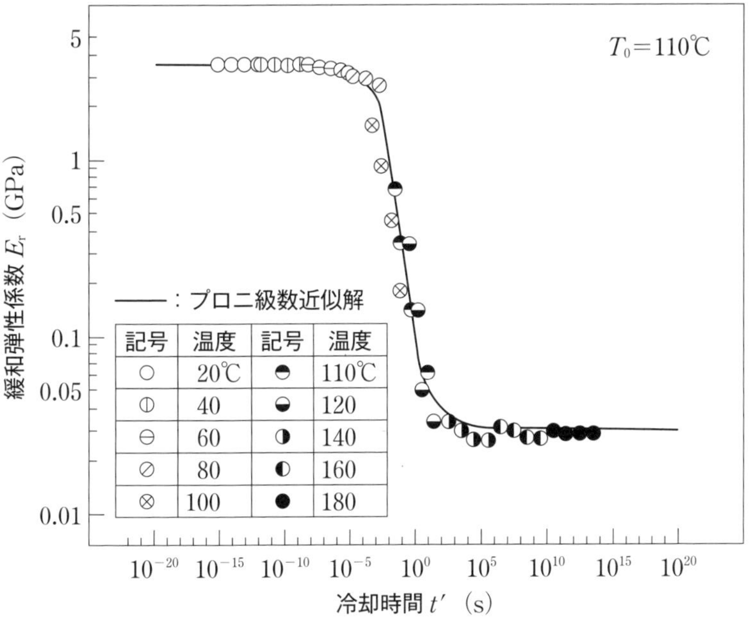

図 9-3　エポキシ樹脂の緩和弾性係数のマスター曲線

表 9-1　CSP-μBGA 構成材料の熱的・機械的性質

材料	熱伝導率 W/(m·K)	比熱 kJ/(kg·K)	密度 kg/m³	ガラス転移温度 ℃	線膨張係数 10^6/K $T \leqq T_g$	線膨張係数 10^6/K $T_g < T$	弾性係数 GPa $T \leqq T_g$	弾性係数 GPa $T_g < T$
LSI チップ	147.7	0.800	2328	—	80.6	161.6	192	
エポキシ樹脂	0.186	1.42	1220	89	88.0	217.0	3.4	0.03
エポキシアクリレート樹脂	0.180	1.38	1200	35	91.0	225.0	3.0	0.01
フッ素樹脂	0.162	1.09	1400	179	86.0	210	0.85	0.29
接着剤	0.186	1.42	1220	89	70.0	160.0	3.4	0.03
ポリイミド	0.162	1.09	1431	420	25.0	47.2	4.3	1.75

また、このマスター曲線を作成する際の時間―温度移動因子は**図 9-4**に示すように、高温部と低温部とで活性化エネルギΔHの異なる2本のアレニウス式で近似することができた。ここでは省略するが、接着剤およびエポキシアクリレート樹脂についてもエポキシ樹脂と同様なマスター曲線が得られた。このことから、ここで取り上げたエポキシ樹脂および接着剤は著しい粘弾性挙動を示し、かつ時間―温度換算則が成立する材料であることがわかった。なお、VESAP解析にはこれらの値を用いた。

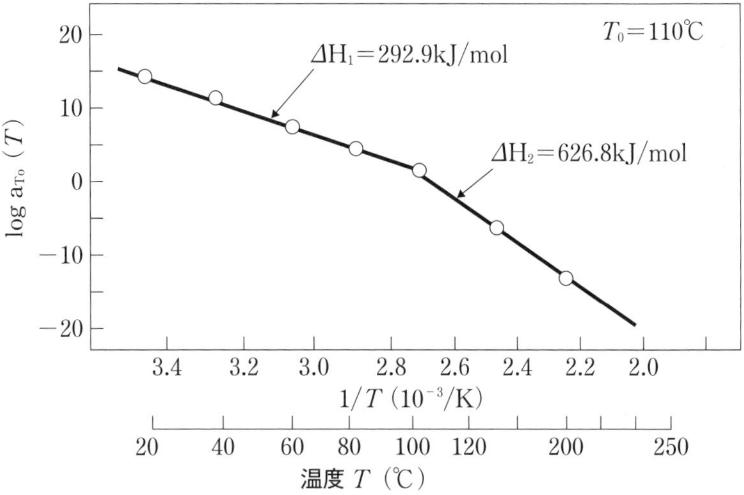

図 9-4　エポキシ樹脂の時間―温度移動因子 $a_{T_0}(T)$

9.3　VESAP解析と材料および構造の最適化設計

CSP－μBGAをモデル化した積層体について、VESAPによる粘弾性解析した界面熱応力差に関する一連の解析結果を示す。

図9-5は温度サイクル試験時の熱負荷によってCSP−μBGAのダメージが最も大きいと予想されるLSIチップとエラストマとの界面に着目し、その界面熱応力差を150℃からの冷却時間に対して解析したものである。ここで、界面熱応力差とはLSIチップとエラストマの接続界面において、LSIチップ側に生ずる熱応力とエラストマ側に生ずる熱応力との熱応力差を定義したもので、この熱応力差が層間剥離を発生させる原因となるせん断応力に相当するものである。

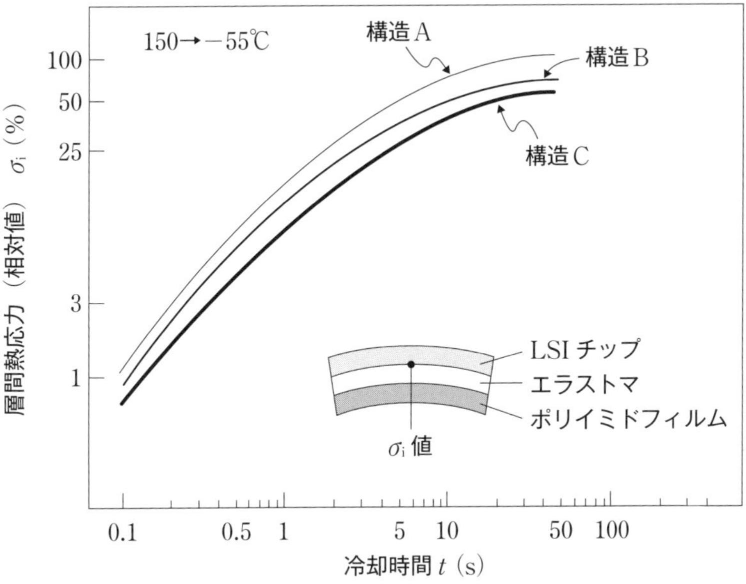

図9-5　CSP−μBGAの冷却過程における層間熱応力の変化

この図から、エラストマの構造A、構造Bおよび構造Cともに冷却時間の経過に伴って界面熱応力差は増加し、冷却時間が50s経過してCSP−μBGAが−55℃に到達した状態で一定値に収束する。

ここで、エラストマ構造の種類でみると、従来のエポキシ樹脂単層およびエポキシ樹脂／PI／エポキシ樹脂からなる構造Aおよび構造Bより、エポキシ樹脂／フッ素樹脂／エポキシ樹脂からなる構造Cの方がすべての冷却時間帯において界面熱応力差が小さいことがわかる。

一方、室温の20℃の時点におけるLSIチップとエラストマの界面熱応力差を、エラストマの構造A、構造Bおよび構造Cの違いに着目して3者を比較した結果を**図9-6**に示す。この図から、界面熱応力差は室温の20℃においては構造Cが構造Aおよび構造Bより25～45%と大幅に低減することがわかる。これは、弾性挙動を示す剛体のLSIチップと粘弾性挙動を示す軟質のエラストマとの材料物性のうち、特に両材料の線膨張係数と弾性係数の差異に基づく熱収縮力に大きく依存したものと考えられる。すなわち、構造Aおよび構造Bでは、軟質で大きい線膨張係数をもつエポキシ樹脂がエラストマ全体にしめる割合が大きいのに対して、構造Cはそれが小さく、積層体全体としての曲げ剛性と熱収縮力とが複雑かつ相互に影響を及ぼしあった結果であると考えられる。

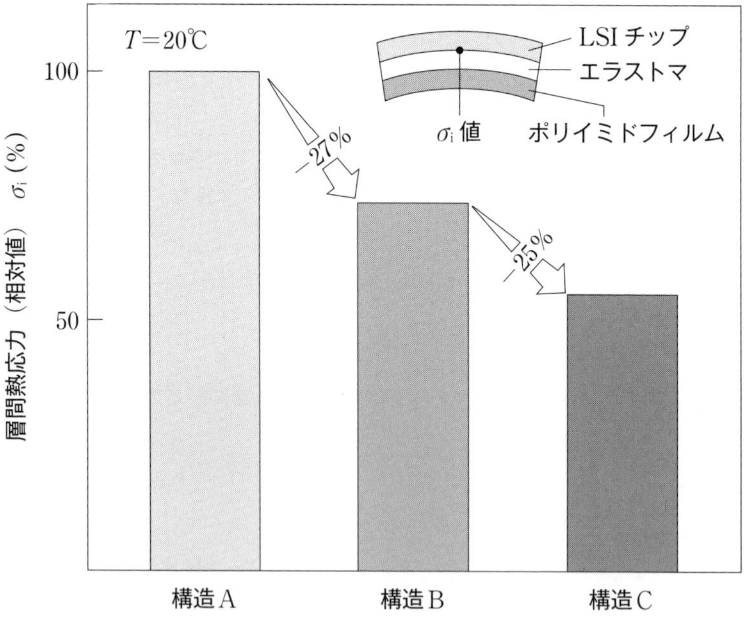

図9-6 CSP－μBGAの構造別の層間熱応力

一方、この積層体の内部に生ずる残留応力分布をエラストマの構造

A、構造Bおよび構造Cについて**図9-7**に示す。この図は、信頼性試験時に実施する温度サイクル試験の150℃から−55℃に空気冷却した場合に、−55℃で生ずる残留応力分布を示したものである。これらの結果から特徴的にわかることは、LSIチップ表面には引張の残留応力が、また内部のエポキシ樹脂との界面部分では圧縮の残留応力が発生するのに対して、エラストマ、接着剤およびポリイミド（PI）の内部にはいずれも引張の残留応力が発生する。

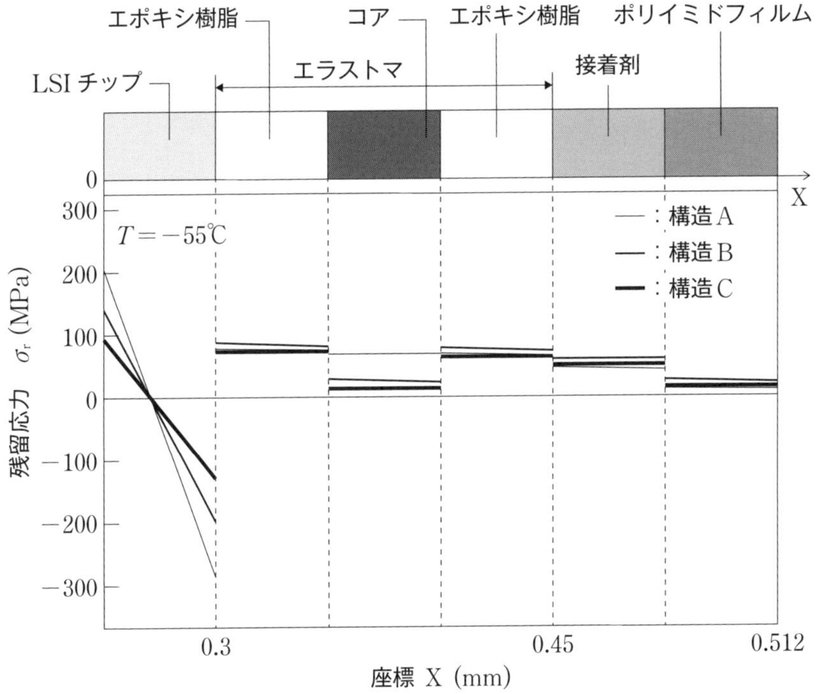

図9-7　CSP−μBGAの残留応力分布

このように、LSIチップ、エラストマ、接着剤およびPIの多種多様な材料から構成されるCSP−μBGAは、その内部に複雑な残留応力分布が生じることになり、これらが相互にかつ複雑に影響を及ぼし合ってCuリードの断線や部材界面の層間剥離などの不良形態をまねくことになる。特に、LSIチップとエラストマのエポキシ樹脂界面部分には大きいせん断応力が発生することになり、この部分からLSIチップ表面に亀裂が生じたり、両者の接着強度が小さい場合には界面剥離が発生したりする危険も考えられる。この点からみると、構造Cが構造Aおよび構造BよりLSIチップの破壊や界面剥離が発生し難く、接続信頼性の点で優れていると思われる。

前述の積層体を温度サイクル試験の150℃から－55℃まで冷却した際に発生する反り変形挙動のVESAP解析結果を**図9-8**に示す。この図から、積層体の反り変形量は冷却時間の経過に伴って著しく増大することがわかる。また、エラストマ構造の違いに着目すると、構造Aおよび構造Bより構造Cの方が反り変形量は著しく小さく、CSP－μBGAの接続強度信頼性の点で優れているといえる。

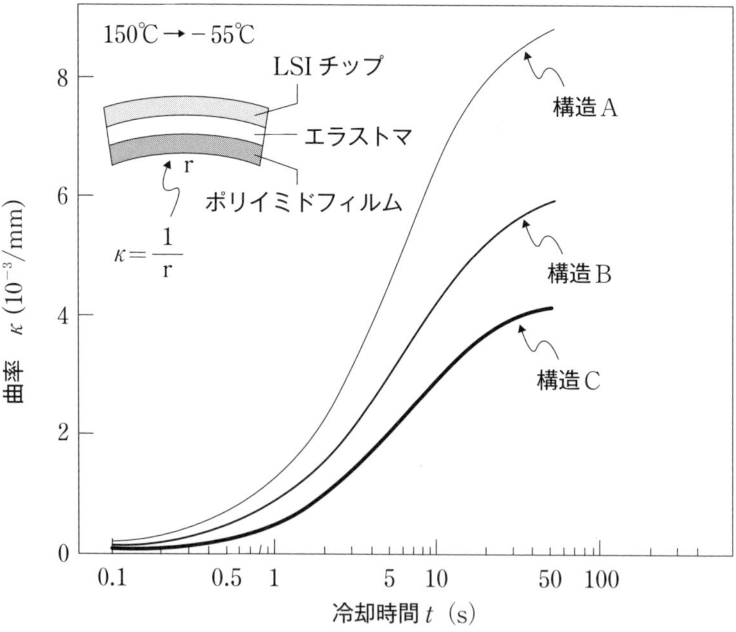

図9-8　冷却過程におけるCSP－μBGAの反り変形挙動

一方、室温の20℃における残留反り変形量を構造A、構造Bおよび構造Cで比較した結果を**図9-9**に示す。この図から、構造Cの残留反り変形量は、構造Aおよび構造Bに比べて35%〜55%低減している。このことから、前述した残留応力と同様、反り変形の点においても構造Cは構造Aや構造Bより優れていることがわかる。

このように、材料内部で複雑な残留応力分布や反り変形挙動を示すのは各種の材料物性の異なる構造体の曲げ剛性と材料の線膨張係数や弾性係数の差異に起因する熱膨張・収縮力が相互に複雑に影響を及ぼし合う結果である。したがって、各種の熱負荷を受けるCSP−μBGAの構成材料間の界面剥離や亀裂の発生を防止し、電子機器としての接続強度や反り変形の信頼性を向上するためには構成材料や構造の最適化設計が必要不可欠となる。

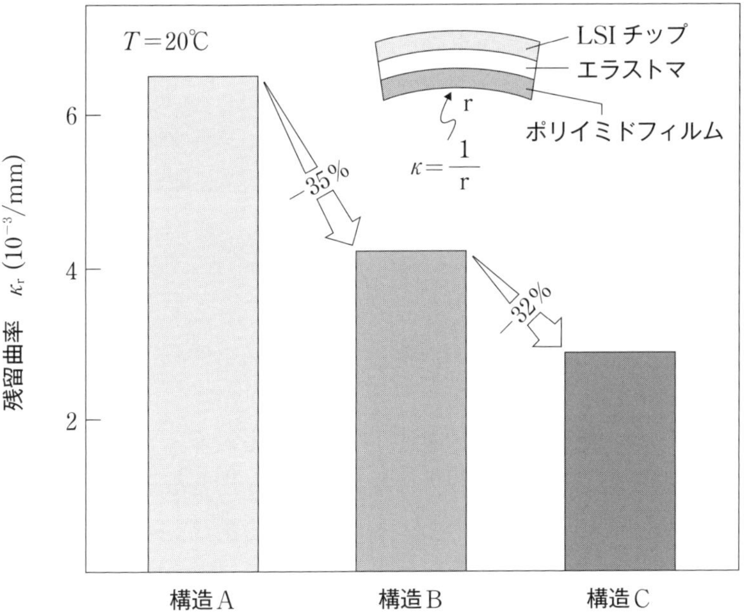

図9-9　構造別の残留曲率

第 10 章

積層体の解析事例

10.1　はじめに

前章までに、半導体パッケージ等のエレクトロニクス機器用の電子部品を想定した各種積層体について、実験値との比較によってVESAPを用いた粘弾性解析の妥当性と有効性を検証してきた。

そして、半導体パッケージの解析がエレクトロニクス機器等の材料、構造および熱プロセスの最適化設計指針を得るうえで有益であり、かつ新製品や新技術の開発期間の短縮化や製造コスト低減化にとっても大きな武器となることを論じてきた。

また、昨今企業の設計技術者が電子機器の多機能・高性能化とともにコスト低減を実現する上で、大面積を有する積層基板等の反り変形抑止が課題となっている。すなわち、各種材料から構成される大面積の積層基板等に製造時の250℃程度以上のはんだリフロー、ならびに出荷前の高温放置や高・低温の温度サイクル試験等の各種信頼性試験で付加される熱によって大面積の実装基板等には大きな反り変形が発生し、これが実装技術上の課題である。

異種材料から構成される積層基板、例えば大面積のLSIチップ上に粘弾性挙動を有する絶縁樹脂等を接着接合する際には必ず熱が付加され、その後冷却される。このとき積層基板には、加熱から冷却過程で異材であるがゆえに線膨張係数や弾性係数等の違いから大きな反り変形が生じる。この反り変形は長さや面積が大きくなれば一層著しくなり、これが基板実装時などで不良原因となる。したがって、反り変形の発生メカニズムを究明し、その抜本的な抑止技術を確立する必要がある。

本章以降は、このような技術背景から、実装時の熱負荷による反り変形問題に主眼をおき、加熱から冷却までの一連の熱負荷を与えた際に積層体に生じる反り変形挙動を樹脂の粘弾性特性との関係で検討した。また、筆者の研究や経験からできるだけ具体的かつ実践的な実例を挙げながら平易に記述した。なお、理解を深めるために前記と重複する内容があることはご容赦願いたい。

10.2　エポキシ樹脂／FR-4基板からなる積層体

積層体には無数の組合せが考えられる。LSI チップ上に絶縁樹脂を塗布した構造やガラス・エポキシ樹脂系基板にアンダーフィルなどの樹脂を介してLSI チップを搭載したり、応力緩衝用のエラストマなどを使用したりメーカー独自の開発が進められている。開発で重要なことは、

(i)　開発対象の実物を簡易かつ適切な構造・形状にモデル化すること
(ii)　反り変形量などの値を定量的かつ正確に予測できること
(iii)　解析の前準備や手法が煩雑過ぎず誰でも容易に解析できること

などが重要である。無限に近いメッシュ分割をしたり、要素選択を間違ったり、材料物性の入力が煩雑であったり、特殊なスキルを有する者だけしか使えないなどは、労多くして益なしで迅速さが求められる設計開発に支障をきたす。

本節では、このような観点から、あえて最も複雑と思われかつ実物に近い粘弾性材料同士を組合せた2層の積層体を取り挙げる。使用する材

料には手軽に入手できる汎用の樹脂等を用いた。メーカーが製造する実物においては、メーカーが使用する材料の粘弾性特性の各種数値をVESAP解析時に入力すればよい。

10.3 実験方法

ここでは、実験に用いる積層体と実験の方法について解説する。

(1) 構成材料と積層体

積層体には、粘弾性挙動を示すエポキシ樹脂とFR−4基板を用いた。積層体の形状は、長さ150mm、幅5mm、FR−4基板の厚さを1.3mm一定として、エポキシ樹脂の厚さを0.5、1.0、2.0、3.0、4.0、5.0および10.0mmの7パターンに変化させた。前章で述べたように、エポキシ樹脂は主剤がビスフェノールAタイプ、硬化剤が変性脂肪族アミンタイプの2液混合型で、主剤と硬化剤を5：1の割合で常温硬化した後、180℃で30分間加熱硬化させた。積層体の作製に当たっては、予めエポキシ樹脂の平板とFR−4基板を所定の寸法に削り出して帯板にし、両者を25℃程度で接着接合した。

(2) 実験方法

積層体を25℃程度からエポキシ樹脂のガラス転移温度T_g以上の180℃まで炉内で加熱し、その後引き続いて35℃まで炉中冷却した。この際、エポキシ樹脂帯板の中央部に取り付けた熱電対により温度を測定し、時々刻々変化する積層体の反り変形挙動をCCDカメラで撮影して、最終的な反り変形量を計測した。

10.4　解析に用いた物性値

積層体を構成する材料の物性値を**表 10-1**、**図 10-1**、**図 10-2** に示す。**図 10-1** は両材料の緩和弾性係数 E_r のマスター曲線で、**図 10-2** はマスター曲線を作成する際の時間—温度移動因子 $a_{T_0}(T)$ である。なお、α は熱機械分析装置を用いて温度と熱ひずみの関係から求め、E_r は動的粘弾性測定装置を用いて所望の各温度で周波数を 1、10、100Hz と変えて貯蔵弾性率 E' を測定し、これらの測定値を基準温度 T_0 の下で換算対数時間軸上にプロットしたものである。エポキシ樹脂と FR−4 基板の T_g はそれぞれ 105℃と 120℃、線膨張係数 α は T_g を境に低温部 α_1 と高温部 α_2 で大きく異なり、粘弾性材料特有の性質を示すことがわかる。一方、**図 10-2** に示すエポキシ樹脂と FR−4 基板の緩和弾性係数は、極短時間から極長時間にわたって一本の滑らかなマスター曲線で表示することができた。ここで緩和弾性係数はプロニ級数で近似し、一方、**図 10-2** の活性化エネルギー ΔH は時間—温度移動因子をアレニウス式で近似して、これらの値を VESAP 解析に用いた。

表 10-1　構成材料の物性値

材料	熱伝導率 W/(m·K)	比熱容量 kJ/(kg·K)	密度 kg/m^3	ガラス転移温度 ℃	熱膨張率 [10^6/K]	
					$T \leqq T_g$	$T_g < T$
エポキシ樹脂	0.186	1.423	1220	105	81.3	173.8
FR−4	0.372	1.260	1810	120	10.6	7.43

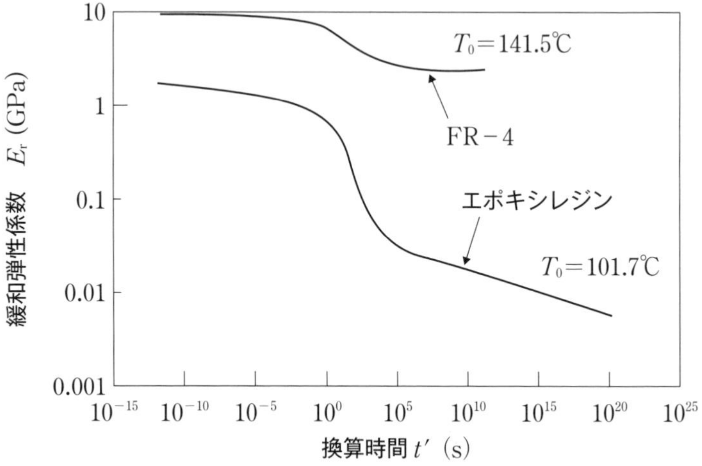

図 10-1　緩和弾性係数のマスター曲線

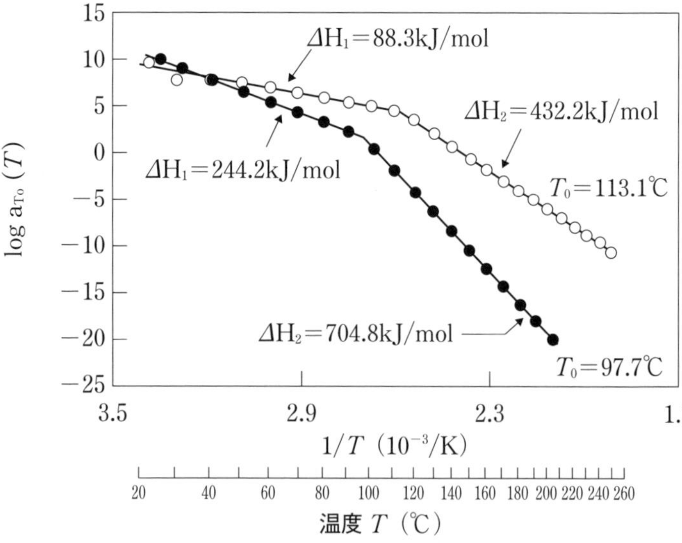

図 10-2　時間—温度移動因子

10.5　結果と考察

図 10-3（a）～（c）に、積層体に加熱から冷却までの一連の熱負荷を与えた際の反り変形挙動を示す。すなわち、25℃程度から 180℃までの加熱過程、その後の 180℃から 35℃までの冷却過程における反り変形挙動を VESAP 解析値と実験値を比較して示したものである。

(1)　加熱時の反り変形挙動

図 10-3 のそれぞれの左側が、室温から 180℃までの加熱過程での反り変形挙動である。これらの図から分かるように、いずれの場合もエポキシ樹脂側が凸の状態に反り始め、温度上昇に伴って反り変形量も増加する。そして、エポキシ樹脂のガラス転移温度 T_g の 105℃近傍で反り変形量が極大値を示した後、(a)、(b) は FR−4 基板の T_g（120℃）近傍まで減少した後 180℃まで再び増加する。一方で（c）のエポキシ樹脂厚さ 10mm の場合には、他と違って 180℃まで単調増加の傾向を示す。

このように粘弾性同士の組合せの積層体では、加熱過程において興味ある反り変形挙動を示すが、これはエポキシ樹脂と FR−4 基板の弾性係数や線膨張係数の違いに加えて、積層体の厚さ寸法に起因する曲げ剛性（EI、I は断面二次モーメント）が相互にかつ複雑に関与した結果である。すなわち、エポキシ樹脂の T_g 近傍の温度ではその弾性係数が低下するが、一方の FR−4 基板の T_g はエポキシ樹脂のそれより高いために、両者の材料の熱膨張力と曲げ剛性とが相互に関係を及ぼし合って、材料の熱膨張力と積層体全体の反り変形を元の状態に戻そうとする復元力の相互関係で積層体全体の反り変形量が決定されることになる。

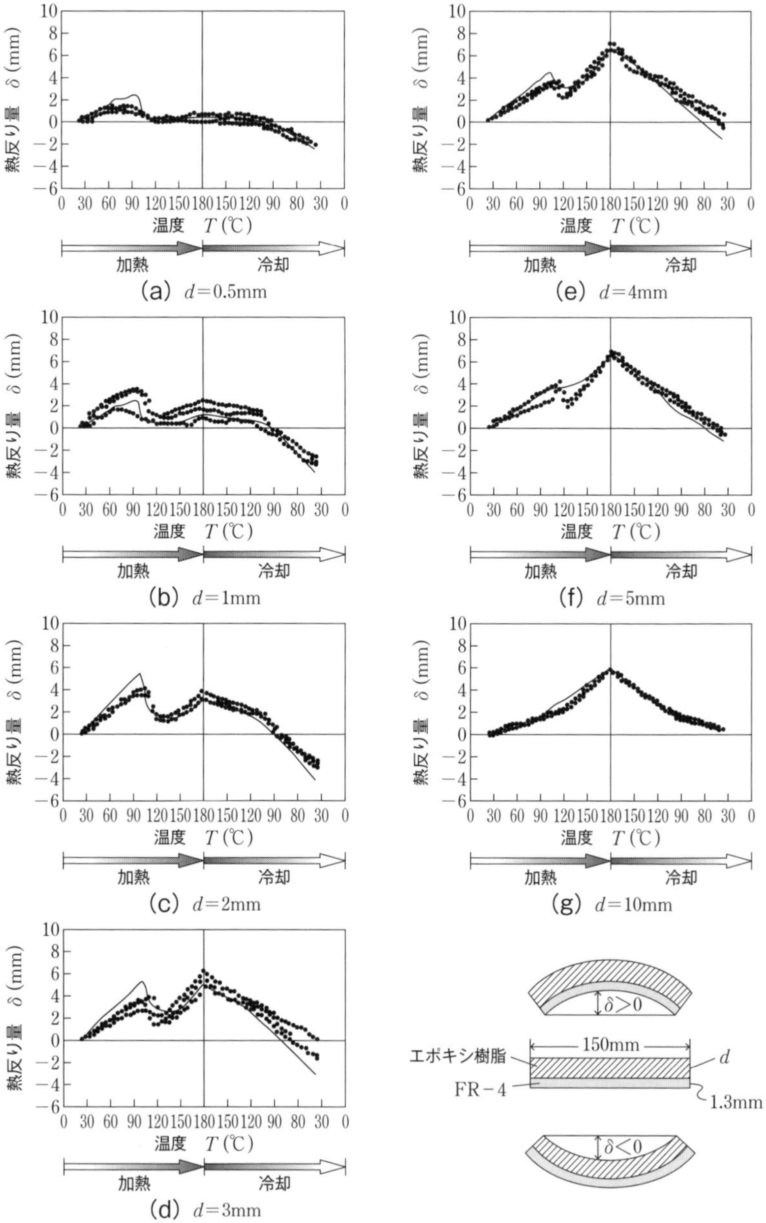

図 10-3　反り変形の計算値と実験値

⑵　冷却時の反り変形挙動

図 10-3 のそれぞれの右側が、180℃から室温までの冷却過程における反り変形挙動である。これらの図から、いずれの場合にも冷却することによってエポキシ樹脂と FR−4 基板が熱収縮するために積層体の反り変形量は減少する。ここで、エポキシ樹脂厚さが 0.5〜5mm の場合には、冷却途中の 60〜90℃近傍で反りのない平坦な状態になり、その後冷却と共に逆反りの現象が生じ、終了時の 35℃では FR−4 基板側が凸の状態になる。一方、エポキシ樹脂の厚さが 10mm と厚い場合には、積層体に明確な逆反りの現象は認められず冷却終了時にはほぼ平坦な状態になる。

⑶　残留反り変形量

図 10-4 に、各種エポキシ樹脂厚さをもつ積層体の加熱終了時（180℃）における反り変形量（残留反り変形量と呼ぶ）を示す。この図から、180℃における残留反り変形量はエポキシ樹脂厚さによって大きく異なり、この実験の範囲ではエポキシ樹脂厚さが 4〜5mm 程度（FR−4 基板厚さの 75〜80％に相当）のときに最大値を示した。

一方、**図 10-5** は、積層体に加熱から冷却までの一連の熱負荷を与えた際の最終段階（35℃時点）での残留反り変形量を示したものである。図から、残留反り変形量はエポキシ樹脂厚さが 1〜2mm 程度で FR−4 基板が極大値を示し、エポキシ樹脂厚さが増加するにつれて積層体の反り変形は平坦化の傾向を示すことが分かる。このことは、エポキシ樹脂厚さが極度に薄い場合にはその熱膨張・収縮力が小さいために、弾性係数や曲げ剛性の大きい FR−4 基板の変形抵抗に負け、逆にエポキシ樹脂が厚い場合には積層体全体に占めるエポキシ樹脂の熱膨張・収縮力が大きくなり、その結果として残留反り変形量も減少し積層体が平坦化したものと推定できる。

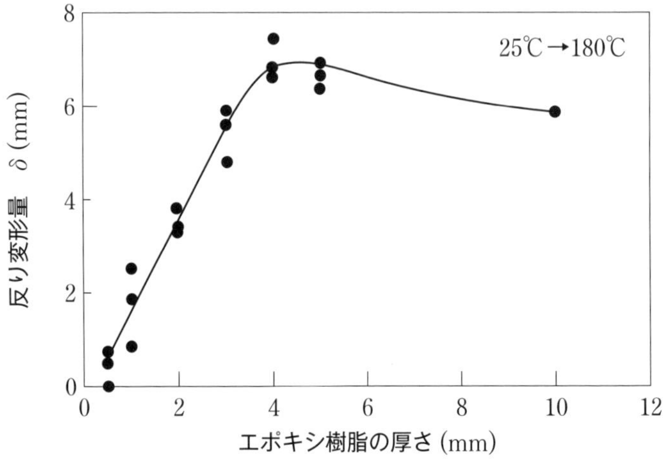

図 10-4　180℃での反り変形量

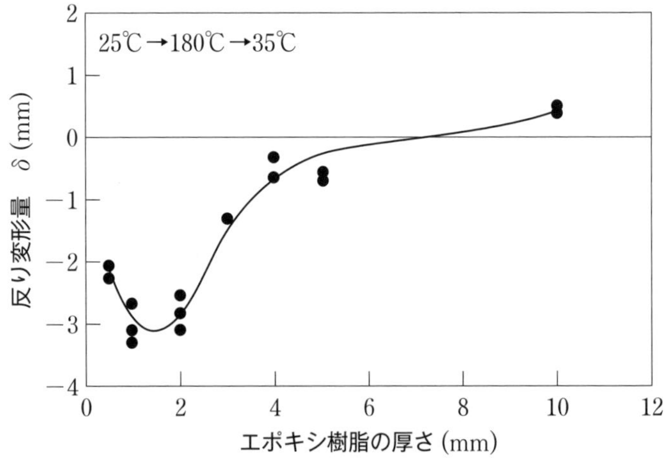

図 10-5　35℃での反り変形量

10.6　金属／エポキシ樹脂／FR-4基板からなる3層積層体

本節では、さらに実際の半導体パッケージに近い形状で、より複雑な3層から構成される積層体を取り上げる。

構成材料は、前節と同様に手軽に入手できる汎用の樹脂材料を用いた。なお、前述したように各企業で製造する半導体パッケージなどに使用する実際の製品に対しては、製品に用いる材料の粘弾性特性値を測定し、それらの数値をVESAP解析に入力すれば求められることになる。

実験方法

図10-6に、鋼材、エポキシ樹脂およびプリント基板の3層からなる積層体の形状と構成材料の厚さを示す。すなわち、長さを150mm、幅を15mmに一定として、鋼材、エポキシ樹脂、プリント基板を1.0、1.6mmの2種類について解析結果と実験値を比較評価した。ここで、鋼材はステンレス鋼、エポキシ樹脂は2層のものと同じものでプリント基板は両面銅箔付きFR−4基板である。

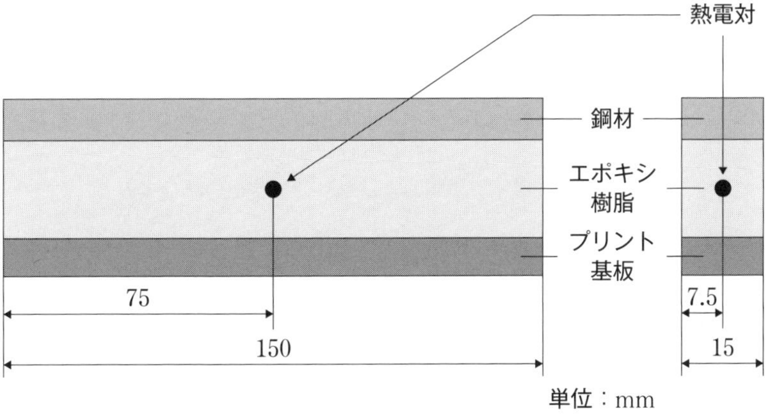

図10-6　試験片の形状および寸法

また、**図 10-7** にエポキシ樹脂と FR−4 基板の熱ひずみを示す。エポキシ樹脂のガラス転移温度（T_g）は 106℃で T_g 以下の線膨張係数（α_1）は 79ppm/K、T_g 以上の線膨張係数（α_2）は 228ppm/K 程度である。

一方、プリント基板は T_g が 140℃、α_1 が 13.7ppm/K、α_2 が 7.9ppm/K である。**図 10-8** には、エポキシ樹脂とプリント基板の緩和弾性係数 E_r のマスター曲線を、また、**図 10-9** は両材料のマスター曲線を作成する際の時間―温度移動因子を示す。図から分かるように、両材料とも低温部と高温部で活性化エネルギー ΔH が異なり、VESAP 解析にはこれらを 2 本のアレニウス式で近似して用いた。なお、具体的な数値は図中に記している。その他、VESAP 解析に用いた材料の熱的・機械的性質を**表 10-2** に示す。

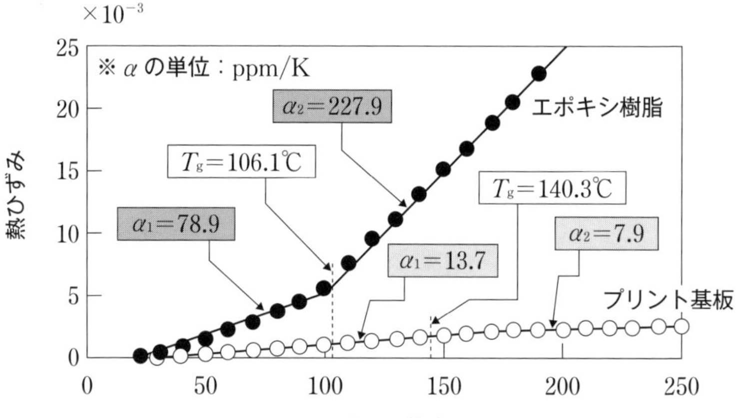

図 10-7　エポキシ樹脂およびプリント基板の熱ひずみ

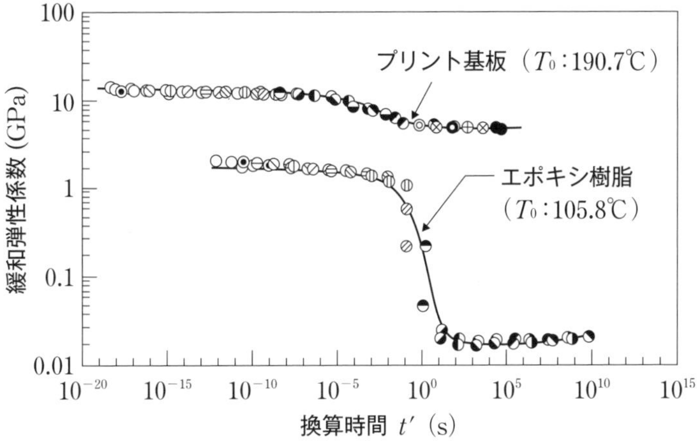

図 10-8　エポキシ樹脂とプリント基板のマスター曲線

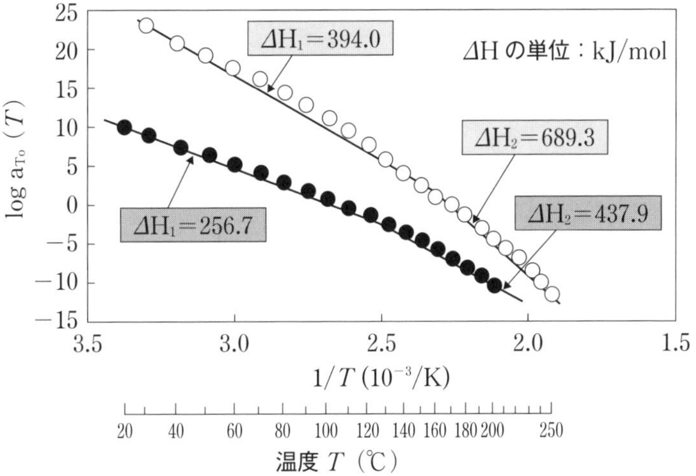

図 10-9　エポキシ樹脂とプリント基板の時間―温度移動因子

表 10-2　三層積層体材料の性質

材料	熱伝導率 W/(m·K)	比熱容量 kJ/(kg·K)	密度 kg/m³	ガラス転移温度 ℃	線膨張係数 [10^{-6}/K]		弾性係数 (GPa)	
					$T \leqq T_g$	$T_g < T$	$T \leqq T_g$	$T_g < T$
鋼材	25.57	0.459	7750	—	10.4		200	
エポキシ樹脂	0.186	1.423	1220	106.1	78.9	227.9	1.79 ～ 0.02	
プリント基板	0.33	1.256	1810	138.8	12.6	6.7	9.71 ～ 4.84	

解析結果と考察

図 10-10～図 10-12 は、鋼材の厚さ 1mm、プリント基板の厚さ 1.6mm 一定として、エポキシ樹脂の厚さを 1、2、5mm に変えた場合の熱負荷に対する積層体の反り変形挙動を示したものである。これらの図からも分かるように、室温から加熱するとエポキシ樹脂とプリント基板の熱膨張が進行して鋼材側が凹の状態で増加し、エポキシ樹脂のガラス転移温度 T_g の 110℃付近で反り変形が一時減少し、その後 180℃までの加熱でも反り変形量は微減の傾向を示す。一方、180℃からの冷却過程においては、反り変形量は 180℃程度の値で推移し、その後冷却と共に変形が平坦化して 100℃以下から室温に至るまでは、逆に鋼材側が凸の状態へと変形挙動が変化するという複雑な挙動を示すようである。この反り変形挙動は、いずれのエポキシ樹脂厚さにおいても同様の傾向を示す。

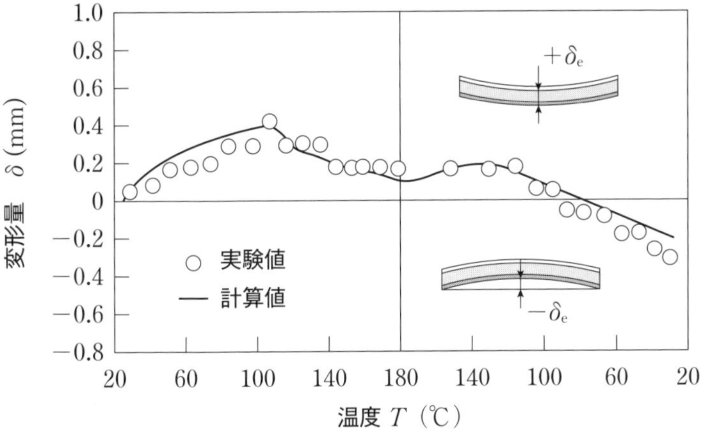

図 10-10　温度変化と反り変形挙動

（鋼材 1mm、エポキシ樹脂 1mm、プリント基板 1.6mm）

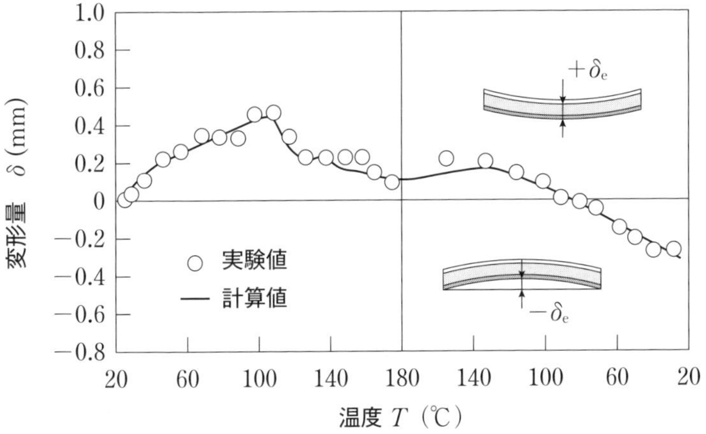

図 10-11　温度変化と反り変形挙動

（鋼材 1mm、エポキシ樹脂 2mm、プリント基板 1.6mm）

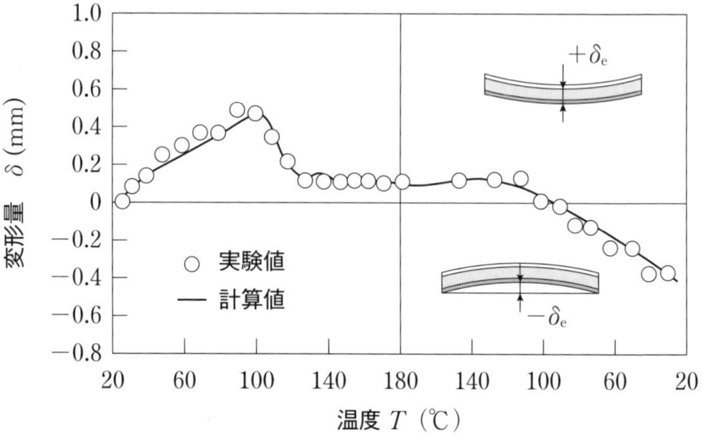

図 10-12　温度変化と反り変形挙動

（鋼材 1mm、エポキシ樹脂 5mm、プリント基板 1.6mm）

図 10-13 には、積層体を室温まで冷却した時点における残留反り変形量を、エポキシ樹脂厚さに対して VESAP 解析の結果と実験値を比較して示す。この図から、積層体の反り変形量は、いずれの場合にも鋼材側が凹の状態で、かつエポキシ樹脂が厚い場合の方が大きいことが分かる。また、VESAP 解析の結果は実験値と極めてよく一致していることから、粘弾性解析を行えば複雑で多様な層構成に対しても精度よく反り変形挙動を予測できる。

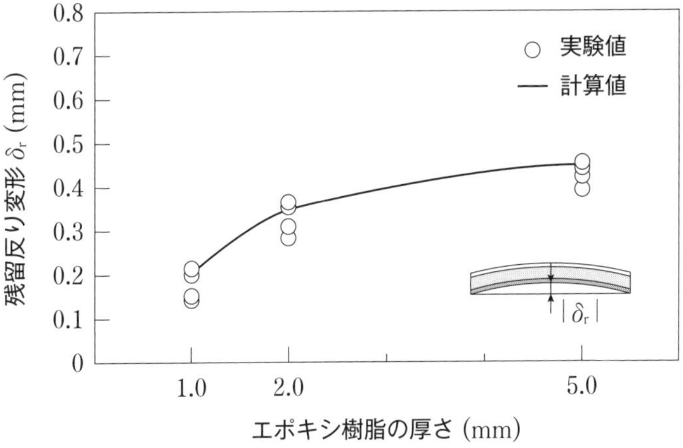

図 10-13　エポキシ樹脂の厚さと残留反り変形量
（鋼材 1.0mm、プリント基板 1.6mm）

第11章 より複雑な積層体の解析事例

11.1　4層積層体の解析実験

本章では、前章よりさらに複雑な4層から構成される積層体を対象とする。積層体は、エポキシ樹脂／鋼材（またはAl合金）／エポキシ樹脂／プリント基板とした。ここで、エポキシ樹脂とプリント基板は固定し、内部材料に鋼材とAl合金をサンドイッチ構造とした。

そして、前章と同様に、積層体に加熱から冷却までの一連の熱負荷を与えた際に生じる反り変形挙動をVESAP解析と実験の両面で検討した。具体的には、反り変形挙動に及ぼす構成材料の厚さ寸法とエポキシ樹脂やプリント基板の粘弾性特性との関係に着目した。

図11-1に解析と実験に用いた4層積層体の形状と寸法を示す。構成材料は、エポキシ樹脂には前記と同じJER社製の2液混合型の樹脂、鋼材にはSUS420J2、Al合金にはA1050P、プリント基板には両面銅箔付FR−4基板を用いた。積層体の寸法は、長さ150mm、幅15mm、厚さは鋼材を0.5mm、アルミニウム合金を1mm、プリント基板を1mm一定として、上部エポキシ樹脂（以下、Uエポキシと略）と中心部エポキシ樹脂（以下、Iエポキシと略）の両方とも、1、2、5mmの3種類とし、全部で18通りの組合せの積層体を用いた。

積層体の温度と変形の測定は2層、3層での測定と同様に熱負荷については25℃程度から180℃まで1分に3℃の条件で加熱し、その後室温まで乾燥器内で冷却する。その際、変化する温度を計測すると共に、積層体の反り変形挙動をCCDカメラで逐次撮影し、その画像をパソコンに取り込み反り変形量を計測した。

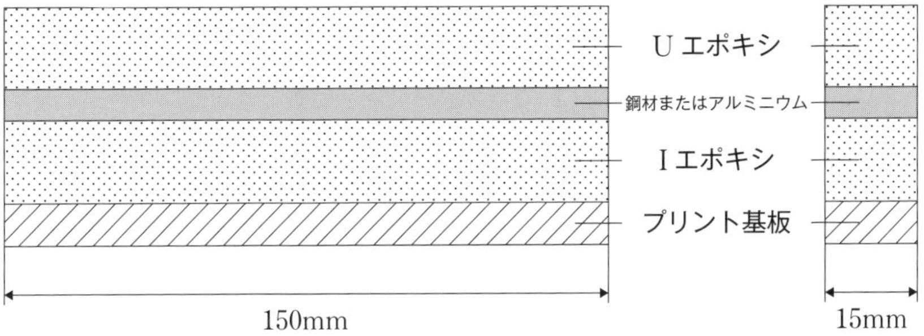

材料	厚さ（mm）		
上部エポキシ（U エポキシ）	1.0	2.0	5.0
鋼材	0.5		
アルミニウム	1.0		
中心部エポキシ樹脂（I エポキシ）	1.0	2.0	5.0
プリント基板	1.0		

図 11-1　4 層積層体の形状と寸法

11.2　構成材料の物性値

VESAP解析に用いた材料物性値を**表 11-1**に示す。また、**図 11-2**にエポキシ樹脂とプリント基板の熱ひずみの温度依存性を示す。エポキシ樹脂とプリント基板のガラス転移温度 T_g は、それぞれ104℃と139℃

で、線膨張係数は低温部α_1（T_g以下）ではそれぞれ90ppm/K、14ppm/Kで、高温部α_2（T_g以上）ではそれぞれ223ppm/K、8ppm/Kであった。**図11-3**には、エポキシ樹脂とプリント基板の緩和弾性係数E_rのマスター曲線を示す。この図から、E_rは極短時間から極長時間にわたって1本の滑らかなマスター曲線で表すことができる。VESAPでの粘弾性解析にはこれをプロニ級数近似した値を用いる。

表11-1　3層積層体材料の性質

材料	熱伝導率 W/(m·K)	比熱容量 kJ/(kg·K)	密度 kg/m^3	ガラス転移温度 ℃	熱膨張率 $(10^{-6}/K)$		弾性係数 (GPa)	
					$T \leqq T_g$	$T_g < T$	$T \leqq T_g$	$T_g < T$
エポキシ樹脂	0.19	1.420	1220	104	90	227.9	2.1 ～ 0.02	
プリント基板	0.33	1.256	1810	139	14	8	9.7 ～ 4.9	
鋼材	25.6	0.46	7750	－	10		200	
アルミニウム	228	0.91	2700	－	24		68	

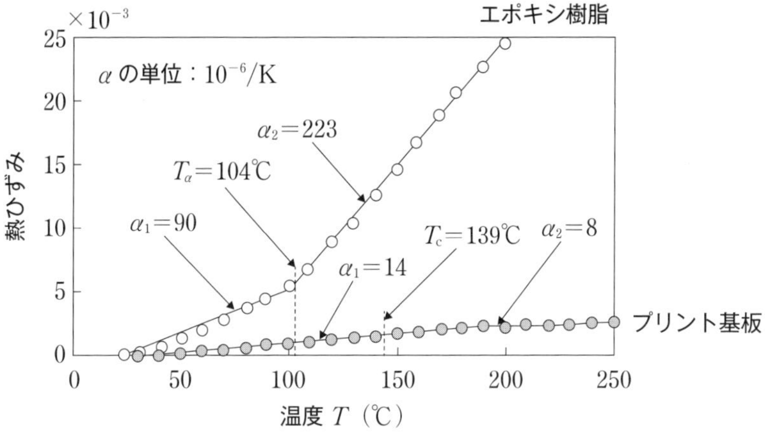

図 11-2　エポキシ樹脂とプリント基板の熱ひずみ

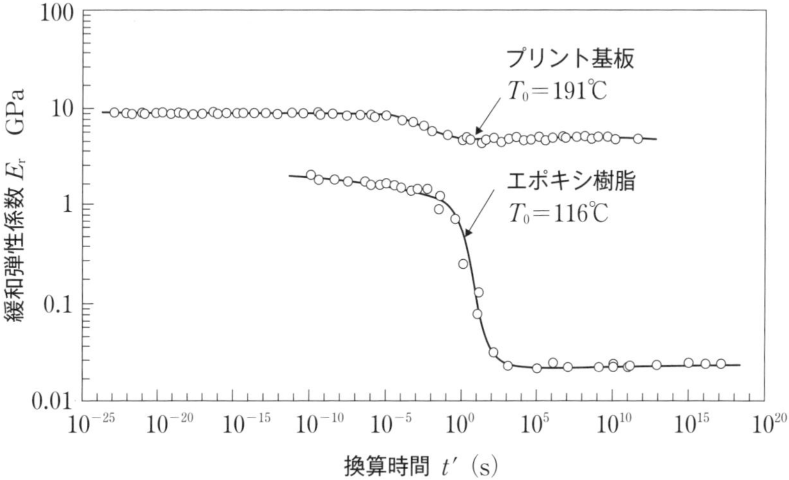

図 11-3　エポキシ樹脂とプリント基板の緩和弾性係数

また、**図 11-4** は両材料のマスター曲線を作成する際の時間―温度移動因子を示したものである。図から分かるように、両材料とも低温部と高温部で活性化エネルギー ΔH が異なり、VESAP による粘弾性解析にはこれらを2本のアレニウス式で近似して、反り変形量を図中に示すΔHの値を用いて算出した。**図11-5**は積層体を加熱から冷却までの温度変化を示したものである。ここで、プロットは積層体に埋設した熱電対による実測値であり、その実測値に対応した熱解析で算出した熱伝達率hは、加熱時で11.7W/(m^{2}K)、冷却時で5.9W/(m^{2}K)であった。一般に熱伝達率は物体の表面からの放熱の程度を表し、物体に凹凸などがあれば場所によってその値は異なるが、本実験では平滑な積層体であることからVESAPによる熱解析と熱応力・変形解析の連成解析にはこの値を用いた。

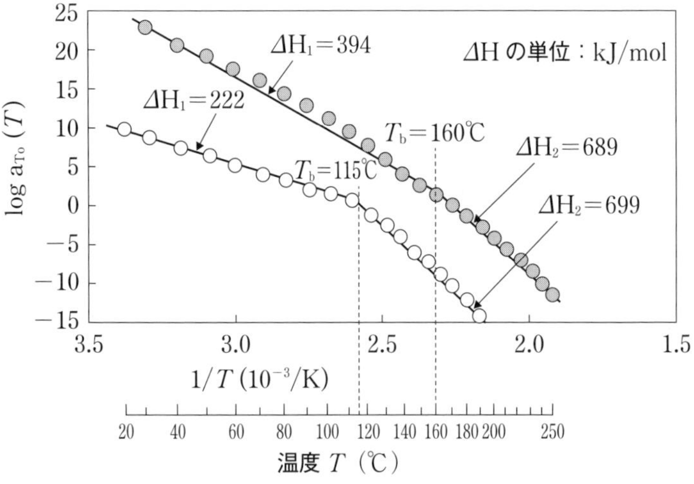

図11-4　エポキシ樹脂とプリント基板の時間―温度移動因子

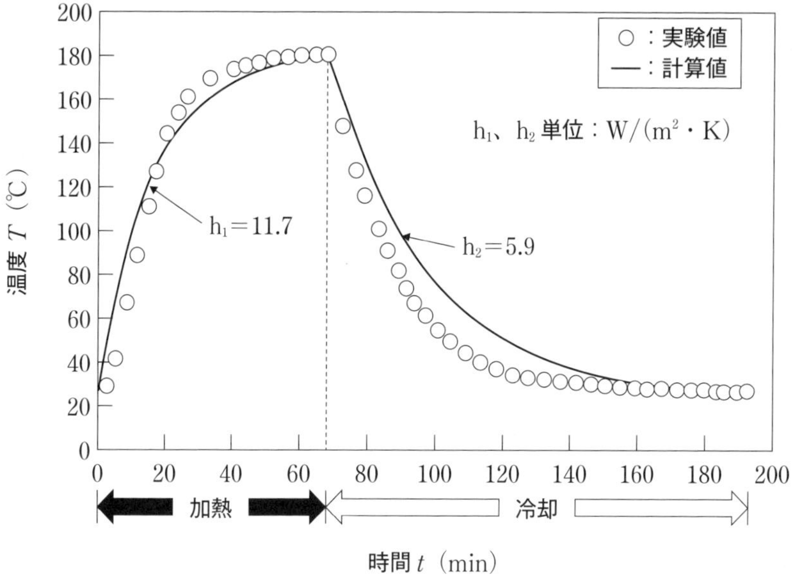

図 11-5　加熱および冷却による積層体の温度変化

11.3　結果と考察

(1)　鋼材を含む積層体の反り変形挙動

図 11-6（a）～（c）に、積層体に一連の熱負荷を与えた場合の反り変形挙動を VESAP 解析値と実験値を比較して示す。ここで、積層体の厚さ寸法は鋼材とプリント基板をそれぞれ 0.5mm と 1mm 一定とし、同図（a）は、U エポキシ 5mm、I エポキシ 1mm の場合、同図（b）は、U エポキシ 1mm、I エポキシ 1mm の場合、および同図（c）は、U エポキシ 1mm、I エポキシ 5mm の場合を示している。ここで、プロットは実験値、実線は VESAP 解析値である。

同図（a）に示す積層体の厚さ構成においては、加熱過程でＵエポキシ側が凸の状態に反り始めるが、その後一度減少して平坦化に向かい再び増加現象を示し、180℃では1mm程度の反り変形量を示した。また、180℃からの冷却過程においては、徐々に減少し100℃近傍で平坦になり冷却後の25℃では逆にＵエポキシ側が凹の状態に逆反りし複雑かつ興味ある変形挙動を示した。

同図（b）に示す積層体の厚さ構成においては、ＵエポキシとＩエポキシの厚さが共に1mmと薄いために、加熱から冷却までの熱負荷に対して積層体の反り変形はほとんど発生しない。これは、鋼材とプリント基板の弾性係数が極めて大きいために積層体の曲げ剛性も大きく、例えＵエポキシとＩエポキシの熱膨張量が大きくてもその弾性係数が小さいために積層体を変形させるだけの曲げモーメントが作用せず、その結果として構成材料相互の力の均衡から積層体の反り変形量が小さくなったものと考えられる。

一方、同図（c）のＵエポキシが薄く、Ｉエポキシが厚い場合には同図（a）とは反りの傾向が逆であるが同図（b）と同様に反り変形はほとんど認められない。

また、いずれの場合にもVESAP解析値は実験値を反映しており有効なツールであることが分かる。このような3種類の材料構成からなる積層体においては、エポキシ樹脂、鋼材およびプリント基板の厚さやその粘弾性特性値が、積層体全体の曲げ剛性や各材料の熱膨張・収縮力と相互にかつ複雑に影響を及ぼし合って積層体の最終的な反り変形量を決定するものと推定される。

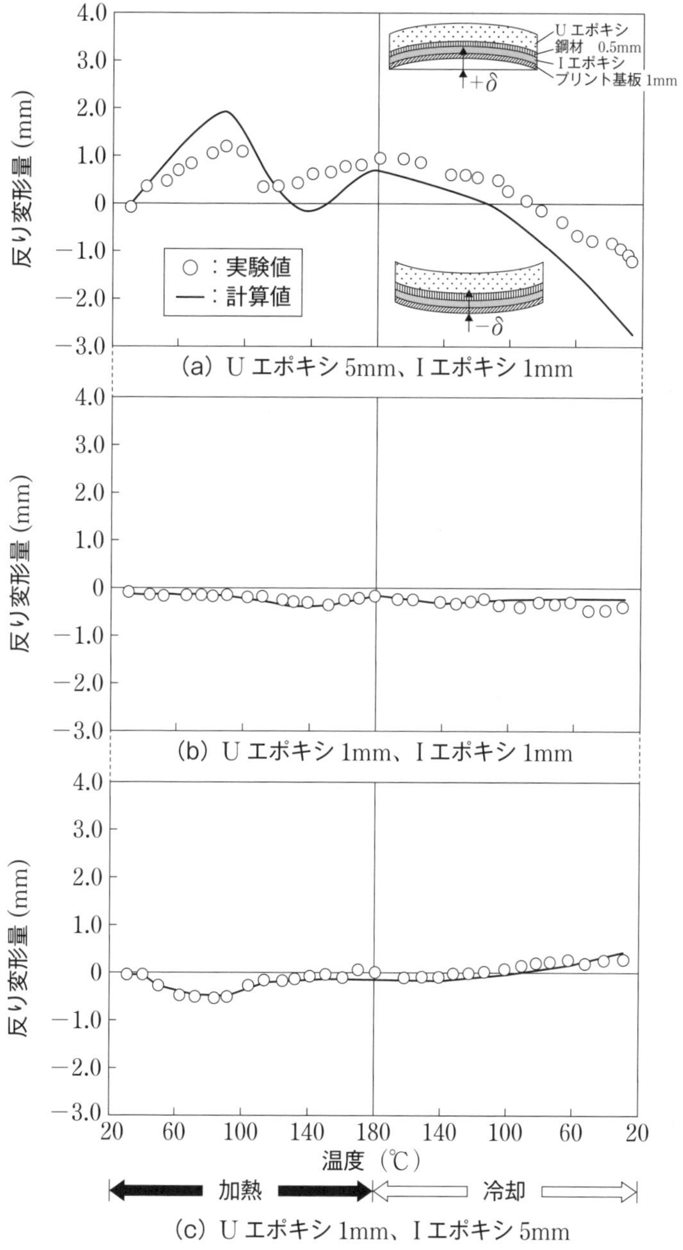

図 11-6　加熱および冷却による積層体の反り変形挙動(1)

⑵　Al合金を含む積層体の反り変形挙動

図11-7（a）～（c）に、Al合金と樹脂を含む四層積層体に加熱から冷却までの熱負荷を与えた際に生ずる反り変形挙動を示す。この図で、アルミニウム合金とプリント基板の厚さはいずれも1mm一定で、エポキシ樹脂の組合せは前節と同様である。同図（a）から、反り変形は加熱に伴ってUエポキシ側が凸の状態で増加し、エポキシ樹脂のガラス転移温度100℃近傍で減少するがその後は増加し、最高温度180℃においては3mm程度となり、この値は前節の鋼材の場合より大きい。また、100℃近傍で反り変形量が一時減少するが、これは鋼材の場合と同様にエポキシ樹脂のガラス転移温度の弾性係数の低下に起因するものである。次いで、冷却過程においては、鋼材の場合と同様に厚いUエポキシの熱収縮力が支配的となり積層体は平坦化の傾向を示し、さらに冷却すると逆反りの現象を呈して終了温度25℃ではUエポキシ側が凹の状態になり、その値は0.5～1mm程度となり、鋼材の場合より若干小さい。

一方、同図（b）に示す寸法構成の積層体の場合は、同図（a）とほぼ同様な反り変形挙動を示し、その値は180℃で2mm程度となった。また冷却過程では単調減少し25℃ではほぼ平坦になる。ここで、鋼材の場合では反り変形がほとんど生じなかったのに対して、Al合金の場合には反り変形量も大きいことが分かる。この差異は鋼材とアルミニウム合金の弾性係数や線膨張係数の差に起因しており、エポキシ樹脂を含む構成材料の熱膨張・収縮力に起因する曲げモーメントと積層体の曲げ剛性との関係で決定されることになる。

また同図（c）に示す寸法構成の積層体の場合については、同図（a）、（b）とは異なりUエポキシ側がわずかに凹の状態になり、その後温度が上昇すると凸状態になり、冷却過程においても反り変形量は僅少である。そして25℃における反り変形量も、Uエポキシ側がわずかに凸の状態で残留し、この結果はVESAPの解析値と実験値とでよく一致している。

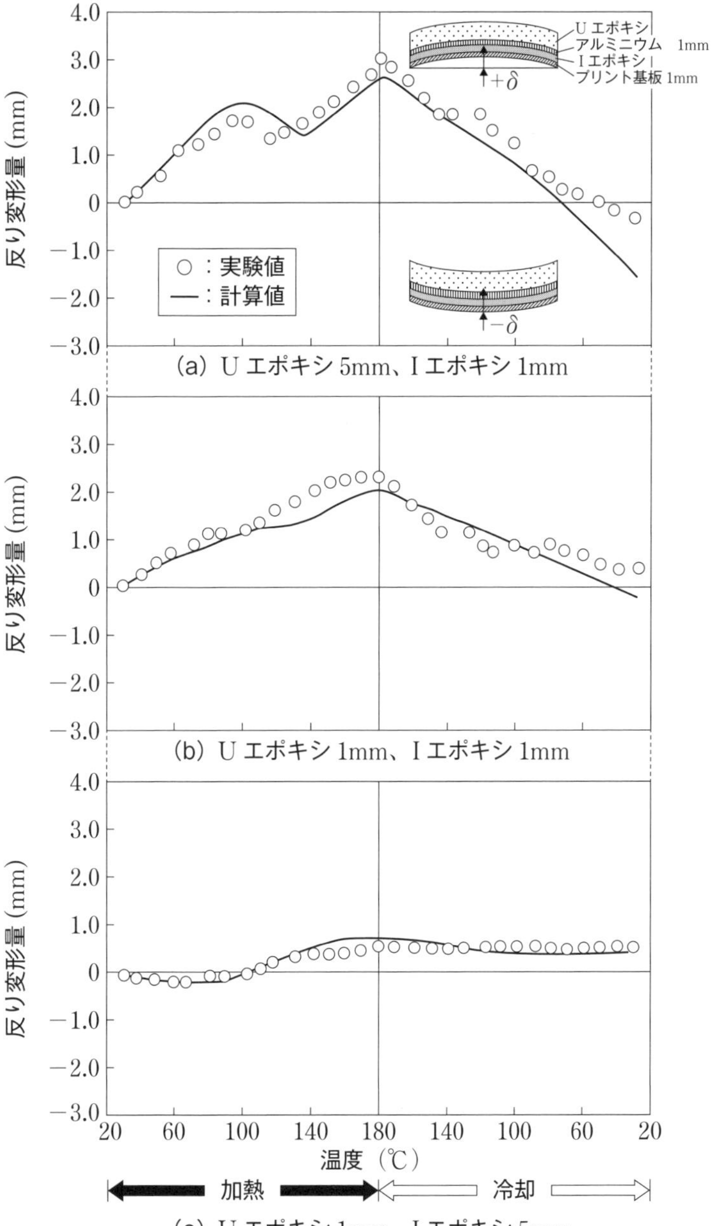

(a) U エポキシ 5mm、I エポキシ 1mm

(b) U エポキシ 1mm、I エポキシ 1mm

(c) U エポキシ 1mm、I エポキシ 5mm

図 11-7　加熱および冷却による積層体の反り変形挙動(2)

(3) 異種材料からなる積層体の反り変形挙動の要点

上記のように、著しい粘弾性挙動を示すエポキシ樹脂やプリント基板に、弾性体の鋼材やAl合金を組み合わせた複雑な四層積層体について、加熱から冷却までの一連の熱負荷を与えた反り変形挙動をVESAP解析と実験とで検討した。

その結果、このような粘弾性材料から構成される積層体については、その反り変形挙動は複雑でかつ興味ある現象を呈することが明らかとなった。すなわち、温度や時間の影響を大きく受ける構成材料の弾性係数や線膨張係数、ガラス転移温度などの各種粘弾性特性値や構成体の曲げ剛性などが、260℃程度以上の高温にさらされる製造工程や、その後の出荷前の各種信頼性試験で負荷される熱荷重などと複雑かつ相互に影響を及ぼし合って反り変形や界面の剥離、さらには樹脂亀裂などの不良原因となることが予想される。

特に、樹脂はそのガラス転移温度近傍で弾性係数や線膨張係数が大きく変化することから、弾性挙動を示すLSIチップのような材料との組合せにおいては、負荷される温度条件や温度範囲で熱ひずみや熱応力が大きく変化し、その結果として界面剥離や反り変形が生ずることになる。さらに、樹脂はクリープ現象や応力緩和現象など温度や時間でその性質が大きく変化する特徴的な性質をもつ材料であることから、そのような不良原因や不良発生メカニズムの解明が一層難解となる。したがって、樹脂などの粘弾性特性を熟知したうえでの全体設計、特に反り変形に大きく影響する製造時の熱プロセスの最適化が一層重要性を増してくる。このためにも、電子機器等に用いる各種電子部品の構成材料や寸法、熱負荷の効率的な設計指針を得ることや、開発期間の短縮のためにも粘弾性シミュレーション技術が一層必要不可欠である。

第 12 章

樹脂の硬化収縮を考慮した反り変形予測法

12.1　はじめに

前章までに、樹脂を含む各種積層体を対象として、製造時等で作用する加熱から冷却までの一連の熱負荷過程で生ずる反り変形問題を、粘弾性挙動を考慮した VESAP 解析と実験の両面から論じてきた。

本章では、樹脂の本質的性質である硬化収縮に照準を当てて検討した。すなわち、エポキシ樹脂の化学反応による硬化過程に対応して、硬化収縮が積層体の反り変形挙動に及ぼす影響に着目して、前章の熱膨張・収縮との関係で検討した。一般にエポキシ樹脂は 2 液性で化学・硬化反応によって架橋が進み、液体からゲル化を経て固体へと状態が変化する。本書でこれまで論じてきたエポキシ樹脂は、この化学反応を伴う汎用のエポキシ樹脂であった。

そこで、LSI チップを封止する樹脂を扱う多くの技術者は、固体材料の熱負荷による熱膨張・収縮に起因した電子機器等の反り変形や熱応力の他に、樹脂の硬化収縮の影響を問題視していると思われる。筆者も同様であるが詳細は化学の専門家にお願いするとして、本章では硬化収縮を問題提起として基礎的実験と簡易理論の考え方を解説する。

12.2　検討手順と考え方

図 12-1 と**図 12-2** に、研究の考え方と手順を示す。**図 12-1** は、エポキシ樹脂が硬化反応を伴って液体からゲル化を経て固体へと変化する際の発熱温度と反り変形状態を模式的に示したものである。図のように、時刻 t_1 までを液相、t_1 から t_2 までをゲル相、t_2 以降を固相とする。また、発熱温度 T は硬化反応に伴って上昇し、時刻 t_2 の固相において最大となってその後時間の経過とともに降下する。一方、積層体の全反り変形量の実験値 δ_{ex} は、エポキシ樹脂の硬化反応に起因する反り変形量（以下、硬化反り δ_{cu} と略）と固体状態での温度変化に起因する反り変形量（以下、熱反り δ_{th} と略）の合算として表現できる。さて、積層体の反り変形はエポキシ樹脂のゲル化開始時刻 t_1 から始まり、その後時間経過とともに増加して発熱温度が最大値 T_{max} となる時刻 t_2 で固体になると考えられる。時刻 t_2 以降はエポキシ樹脂を熱力学的に固体状態として取り扱っても差し支えがないため、この時点から熱反り δ_{th} が始まるものと考える。そして、時刻 t_2 における δ_{ex} と δ_{th} の差分が硬化反応に伴って生ずる硬化反り δ_{cu} と考えることができる。すなわち、時間が十分経過した最終状態 t_3 における積層体の全反り変形量 δ_{tc} は、$\delta_{tc}=\delta_{cu}+\delta_{th}$ と表現することができる。なお、このような考え方は過去のデータやひずみゲージを貼った予備実験から概ね妥当であることを確認している。また、反り変形量 δ は当然温度の関数である。

図 12-2 は検討手順を示したものである。δ_{cu} と δ_{th} をそれぞれ単独で理論的に求め、その妥当性を実験値と比較する。具体的には、熱反り δ_{th} を VESAP 解析で求め、一方硬化反り δ_{cu} をエポキシ樹脂の硬化挙動に関する実測にデータ基づいて後述の簡易予測式から算出する。そして、これらを実験で求めた全反り変形量 δ_{ex} と比較することによって、硬化反応と温度変化の両方で進行する反り変形量の簡易予測法を定式化した。

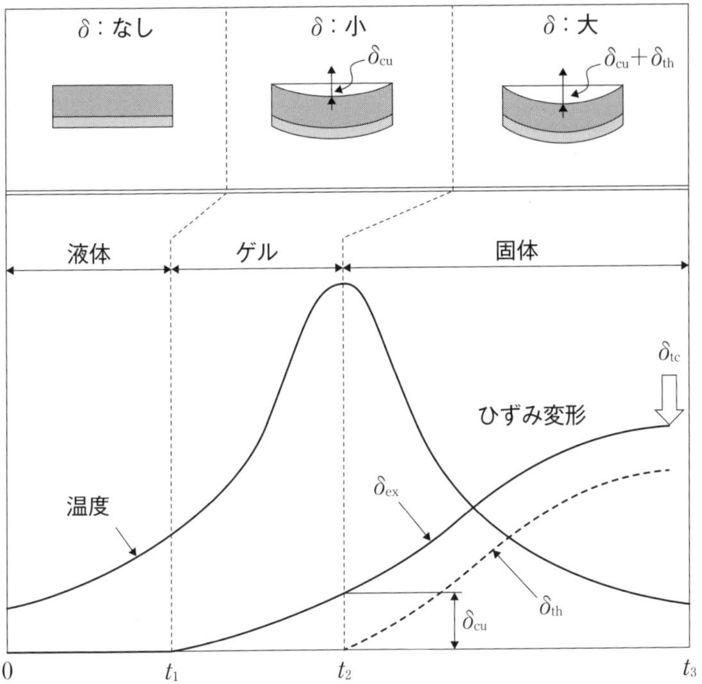

図 12-1　硬化過程の模式図

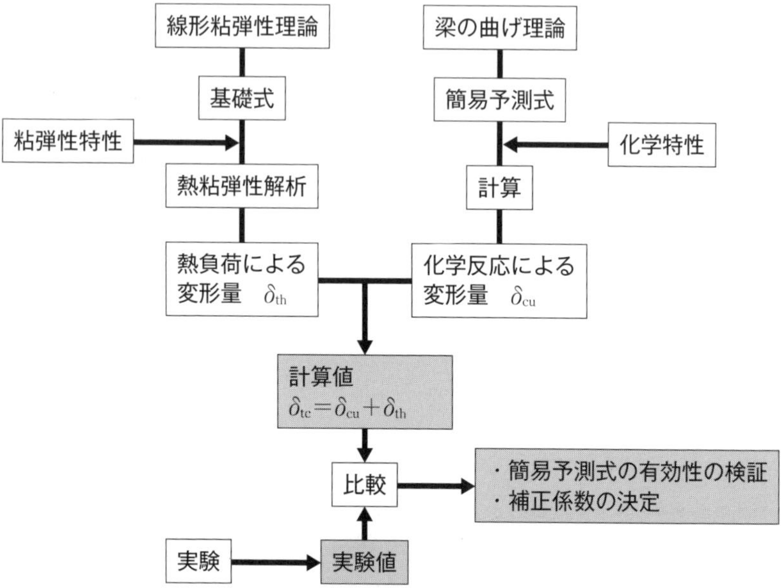

図 12-2　検討手順

12.3　VESAP 解析の内容

粘弾性解析には、今までと同様に線形粘弾性理論に基づいて誘導した前記の基礎式を用いた。解析に用いた構成材料の粘弾性特性値を**表12-1** に示す。また、**図 12-3** および**図 12-4** は、それぞれエポキシ樹脂とプリント基板の緩和弾性係数 E_r のマスター曲線、およびマスター曲線を作成する際の時間―温度移動因子 $a_{T_0}(T)$ である。ここで、粘弾性解析には、**図 12-3** の E_r のマスター曲線をプロニ級数で近似し、**図 12-4** の活性化エネルギー ΔH はアレニウス式で近似して用いた。なお、解析に当たってはエポキシ樹脂の発熱温度が最大値で、この時点で硬化反応が完了して固体状態になったと仮定した。したがって、固体のエポキシ樹脂の物性値を用い、各種エポキシ樹脂厚さにおける発熱温度の最大値から室温の25℃までの冷却として解析した。

表 12-1　積層体の材料物性

材料	熱伝導率 W/(m·K)	比熱容量 kJ/(kg·K)	密度 kg/m^3	ガラス転移温度 ℃	熱膨張率 (10^{-6}/K)		弾性係数 (GPa)	
					$T \leqq T_g$	$T_g < T$	$T \leqq T_g$	$T_g < T$
エポキシ樹脂	0.186	1.420	1220	104	90	227.9	2.1 ～ 0.02	
プリント基板	0.372	1.26	1810	138.8	12.6	6.7	9.7 ～ 4.9	
鋼材	14.7	0.452	7870	―	11.7		197	

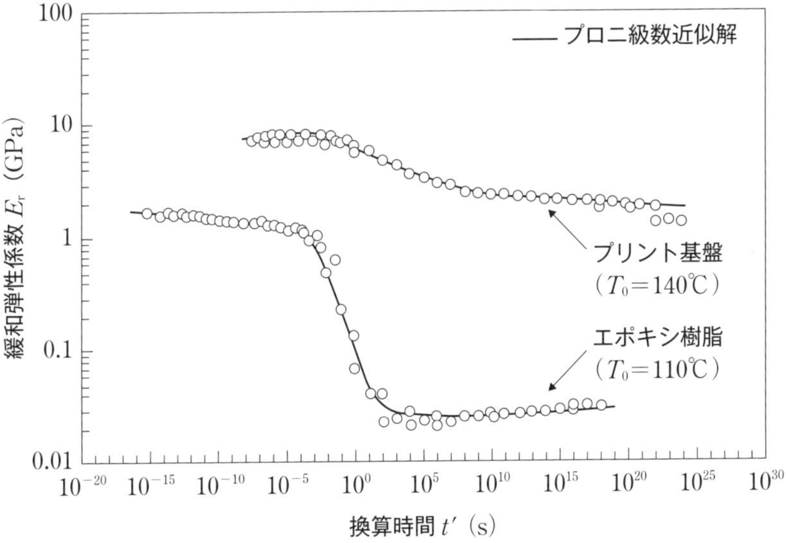

図 12-3　緩和弾性係数のマスター曲線

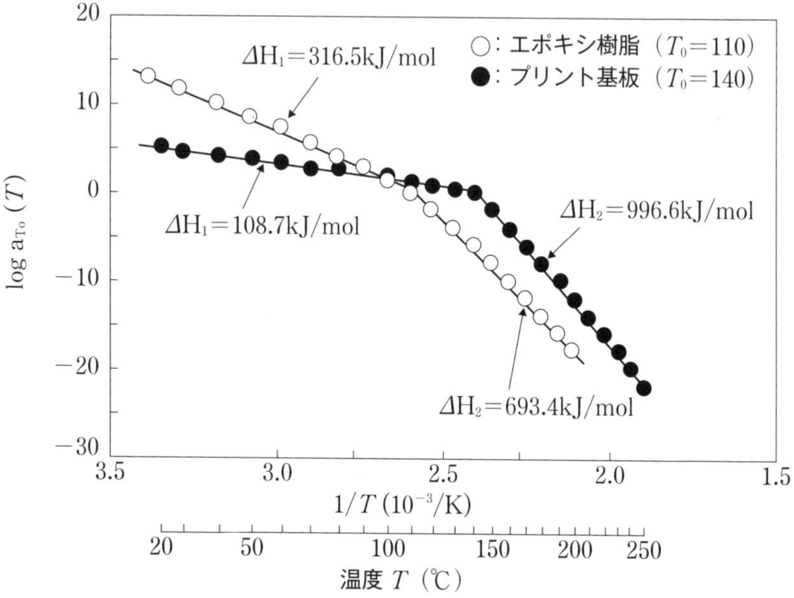

図 12-4　時間─温度移動因子

12.4　硬化反りを求める簡易予測式

簡易予測式の誘導

図 12-5 は、簡易予測式に用いる材料 1 と材料 2 からなる積層体の形状である。長さを L、幅を b、材料 1 と材料 2 の厚さをそれぞれ h_1 と h_2 とし、材料 2 の最下端から中立軸 N−N までの距離 ξ は次式（12.1）で表せる。ここで、材料 1 と材料 2 の中央から中立軸までの距離をそれぞれ h_1'、h_2' とする。そして、この積層体に熱負荷を与えた場合、各材料には熱膨張力または熱収縮力が生ずることになり、この力の均衡状態によって積層体に反り変形が生ずると考える。E_1、E_2 はそれぞれ材

料1、材料2の縦弾性係数、A_1は材料1の断面積（$b \cdot h_1$）、A_2は材料2の断面積（$b \cdot h_2$）である。また、材料1と材料2の中立軸に関する断面二次モーメントをそれぞれI_1、I_2とすると、I_1、I_2は次式（12.2）、（12.3）で表現できる。なお、断面二次モーメントは材料力学の基礎的なもので、物体の厚さや幅、直径などの寸法で表現でき、外力に対して物体が変形しやすいかどうかの指標になる物理量、すなわち物体の剛性を表す指標である。

$$\xi = \frac{E\int_{A1} \mathrm{y}\mathrm{d}A_1 + E_2\int_{A2} \mathrm{y}\mathrm{d}A_2}{(E_1A_1 + E_2A_2)} \quad \cdots\cdots (12.1)$$

$$I_1 = \frac{\{h_1^3 - 3\,(\xi - h_2)\,h_1^2 + 3\,(\xi - h_2)^2 \cdot h_1\} \cdot b}{3} \quad \cdots\cdots (12.2)$$

$$I_2 = \frac{(h_2^3 - 3\xi h_2^2 + 3\xi 2h_2) \cdot b}{3} \quad \cdots\cdots (12.3)$$

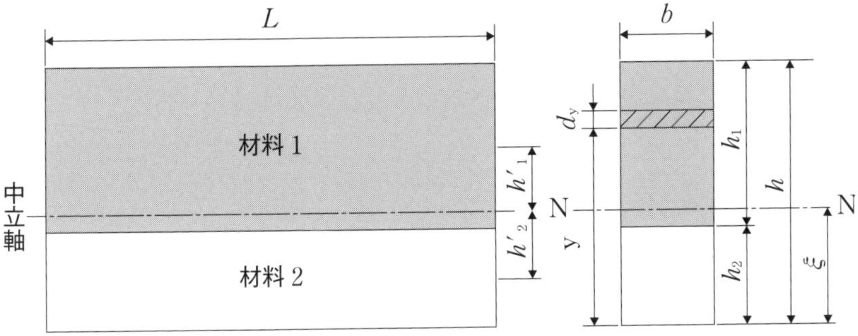

図 12-5　積層体の構造と寸法

いま、熱負荷を与えた場合の材料m（以下、mは材料1と材料2を表す）に生じる熱ひずみε_mは、線膨張係数α_m、熱負荷の温度差ΔT_jとすると、次式で表される。

$$\varepsilon_m = \alpha_m \cdot \Delta T_j \quad m = 1, 2、j = 1 \sim n \quad \cdots\cdots (12.4)$$

材料mに生じる熱応力σ_mがこの積層体に微小ひずみが生じさせるとすると、フック則より材料mの縦弾性係数をE_mは、

$$\sigma_m = \varepsilon_m \cdot E_m \quad m = 1, 2 \quad \cdots\cdots (12.5)$$

で表される。また、材料 m に生じる熱収縮力 P_{m} は、

$$P_{\mathrm{m}}=\sigma_{\mathrm{m}}\cdot A_{\mathrm{m}}\text{、}\mathrm{m}=1,2 \tag{12.6}$$

となる。材料 m に生じる曲げモーメント M_{m} は、熱収縮力 P_{m} と材料 m の断面中央部から中立軸までの距離 h'_{m} の積として、

$$M_{\mathrm{m}}=P_{\mathrm{m}}\cdot h'_{\mathrm{m}} \tag{12.7}$$

で表される。この積層体の反り変形は、材料 1 と材料 2 に作用する曲げモーメント M_1、M_2 によって生じるものとして、反り変形に関与する曲げモーメント M_{d} を、

$$M_{\mathrm{d}}=P_1\cdot h'_1-P_2\cdot h'_2 \tag{12.8}$$

とする。積層体の曲率半径は、慣用の曲げ理論から、

$$R=\frac{(E_1\cdot I_1+E_2\cdot I_2)}{M_{\mathrm{d}}} \tag{12.9}$$

と表現でき、温度変化に対応した変形量の増分 $\Delta\delta_{\mathrm{j}}$ は、

$$\Delta\delta_{\mathrm{j}}=\frac{L}{2}\tan\left\{\frac{1}{2}\ \sin^{-1}\left(\frac{L}{2R}\right)\right\}\quad \mathrm{j}=1\sim\mathrm{n} \tag{12.10}$$

で与えられる。硬化収縮によって生じる反り変形量 δ_{n} は次式のようになる。

$$\delta_{\mathrm{n}}=\sum_{\mathrm{j}=1}^{\mathrm{n}}\left\{\frac{(h'_{1\mathrm{j}}+\xi_{\mathrm{j}})}{h'_{1\mathrm{j}}}\cdot\Delta\delta_{\mathrm{j}}+\delta_{\mathrm{j}-1}\right\} \tag{12.11}$$

ただし、j=1 のとき、$\delta_{\mathrm{j}-1}=0$ である。時間が十分経過した状態での最終的な硬化反り δ_{scu} は、エポキシ樹脂と鋼材からなる積層体の場合、

$$\delta_{\mathrm{scu}}=k_{\mathrm{s}}\cdot\frac{3\xi_{\mathrm{n}}}{h'_{1\,\mathrm{gel}}}\cdot\delta_{\mathrm{n}} \tag{12.12}$$

エポキシ樹脂とプリント基板からなる積層体の場合の硬化反り δ_{pcu} は、

$$\delta_{\mathrm{pcu}}=k_{\mathrm{p}}\cdot\frac{3\xi_{\mathrm{n}}}{h'_{1\,\mathrm{gel}}}\cdot\delta_{\mathrm{n}} \tag{12.13}$$

で表現できる。ここで、k_{s}、k_{p} はそれぞれの積層体の補正係数、ξ_{n} は時間が十分経過してエポキシ樹脂が固体になった状態（$E=1.62$GPa）における ξ、$h'_{1\,\mathrm{gel}}$ はエポキシ樹脂のゲル化点における h'_1 である。なお、補正係数 k_{s}、k_{p} は後述のように実験値と比較して算出する。**図 12-6** に

計算の概要をまとめた。

組み合わせはりの理論より
・中立軸 ξ
・中立軸に関する断面二次モーメント I_1、I_2
を求める。式 (12.1)～(12.3)

↓

硬化過程の材料物性を用いて、
・硬化ひずみ ε　・線膨張係数 α
・硬化収縮力 P　・硬化曲げモーメント M
・曲率半径 R
を求める。式 (12.4)～(12.9)

↓

慣用の曲げ理論より、
・温度変化に対応した変形量 $\Delta\delta_j$
・硬化収縮に起因する反り変形量 δ_n
・それぞれの構造の硬化反り δ_{scu}、δ_{pcu}
を求める。式 (12.10)～(12.13)

図 12-6　簡易予測式の導出

簡易予測に用いる樹脂の硬化特性

図 12-7 は、エポキシ樹脂の液体から固体に至る硬化挙動を貯蔵剛性率 G'、損失剛性率 G'' と温度 T との関係で示したものである。測定には動的粘性評価装置を用いた。試料であるエポキシ樹脂を二枚の角度のついたコーンプレート間に装填し、周波数 10Hz、コーン角 1.966deg、コーン径 39.98mm、歪制御 1 deg、昇温速度 4℃／min で求めた。この図から、初期の 25℃では粘性流体であったが、その後温度上昇によって粘度が低下し、さらに硬化反応が進行してゲル化から粘弾性固体へと変化した。このエポキシ樹脂では 88℃近傍でゲル化（一般にいわれる $G'=G''$ の温度とした）し、115℃近傍で固体になるものと思われる。

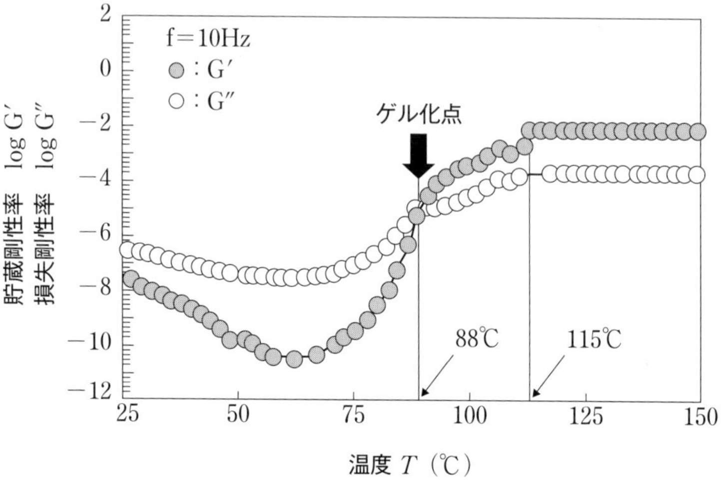

図 12-7　エポキシ樹脂の粘弾性特性

簡易予測式による算出方法

簡易予測式を用いて硬化反りを求めるにあたって、ここでは温度によって変化する値として変換弾性係数 $E_t(T)$ を用い、G' とポアソン比 ν から簡易的に次式で求められると仮定した。

$$G' = \frac{E_t(T)}{2}(1+\nu) \quad \cdots\cdots (12.14)$$

なお、ポアソン比 ν は固体状態として 0.3 の値を用いた。また、変換弾性係数は硬化過程における 88℃～115℃までの G' の温度変化を近似したものである。そして、この変化率が 115℃以上の温度においても同様であると仮定して、固体のエポキシ樹脂の縦弾性係数 1.62GPa になる温度を求めると 128℃を得た。このような考え方に基づいて、変換弾性係数 E_t と温度 T の関係を求めると**図 12-8** のようになる。

以上の算出方法によって、エポキシ樹脂の硬化挙動を考慮した簡易予測式を用いて、硬化反り δ_{cu} を算出する。なお、算出に当たってはエポキシ樹脂の変換弾性係数はゲル化開始温度 88℃からゲル化終了温度 128

℃での範囲で計算し、この範囲の変換弾性係数の温度変化を前述の式（12.1）、（12.5）、（12.9）に示すエポキシ樹脂の縦弾性係数 E_1 として硬化反りを予測した。また、予備実験で求めた線収縮率 0.13％を簡易予測式では線膨張係数 α_1 として用いた。すなわち、88℃から 128℃になるまでに 0.13％収縮するとすれば、α_1 の値は 33.4ppm/K となり、この値を式（12.4）の計算に用いた。一方、材料 2 の物性値は**表 12-1** に示す T_g 以下の縦弾性係数と線膨張係数の値を用いた。

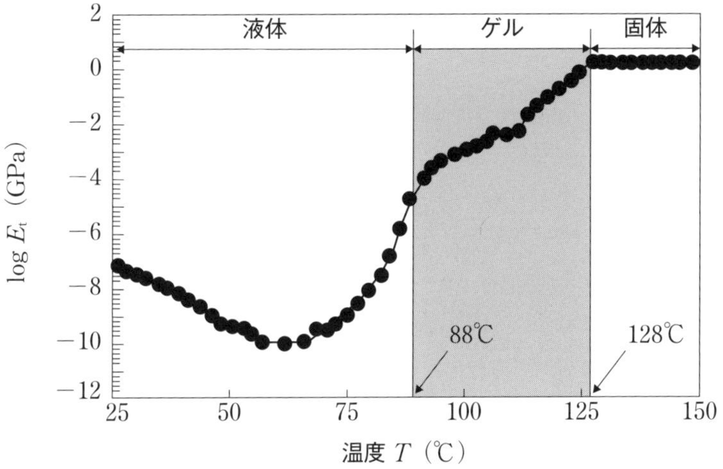

図 12-8　温度と変換弾性係数の関係

12.5　反り変形の実験

実験方法

実験には、**図 12-9** に示すエポキシ樹脂と鋼材、およびエポキシ樹脂とプリント基板の 2 種類の積層体を用いた。積層体は長さ 150mm、幅

15mm、鋼材とプリント基板の厚さを0.5mm一定として、エポキシ樹脂厚さを5、10、15、20および25mmの5種類とした。鋼材にはステンレス鋼を、プリント基板には電子部品に多用される両面銅箔付FR−4基板を用いた。そして、液体のエポキシ樹脂を計量し鋼材およびプリント基板上に注型することによって所望の厚さの積層体を作製した。この際、エポキシ樹脂の硬化反応によって時々刻々変化する積層体の反り変形状態をCCDカメラで逐次撮影し、これから反り変形量を計測した。また、同時に積層体に埋設した熱電対で時間的に変化する温度も計測した。

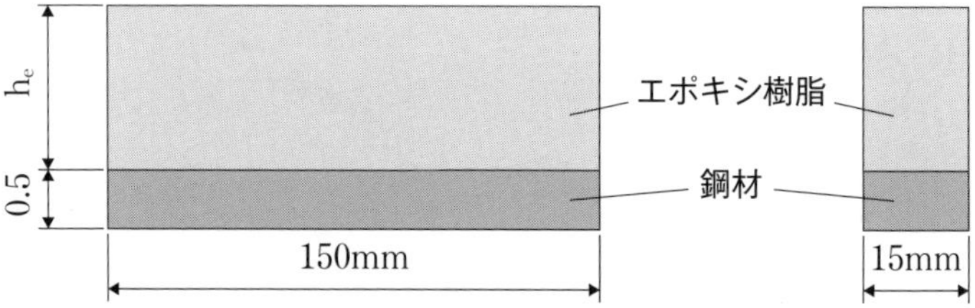

(a) エポキシ樹脂／鋼材

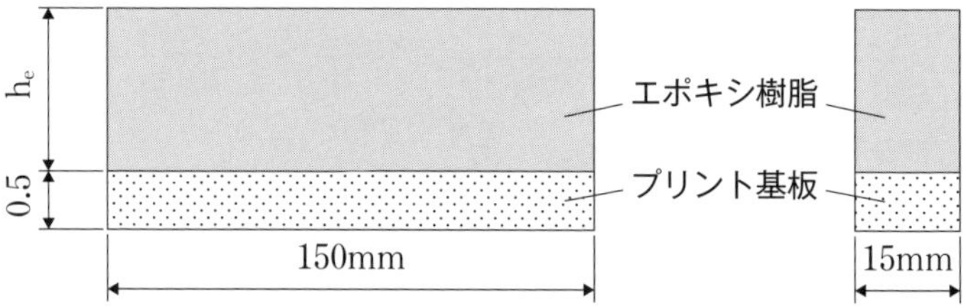

(b) エポキシ樹脂／プリント基板

図 12-9　積層体の構造と寸法

エポキシ樹脂の発熱温度

図 12-10 は、エポキシ樹脂の化学的な硬化反応の過程における発熱温度の時間的変化を示したものである。この図から、エポキシ樹脂厚さが5mmと薄い場合にはほとんど発熱が見られないが、厚い場合には時間経過とともに発熱温度が上昇し、最高温度に達した後は室温の25℃ま

で低下する。また、エポキシ樹脂が厚いほど、最高温度に達するまでの時間は短く、かつ最高温度も高いことがわかる。このように、エポキシ樹脂の厚さによって硬化反応による発熱量に大きな差異が生じ、厚い場合には発熱量も大きく硬化反応が急速に促進されるためと考えられる。

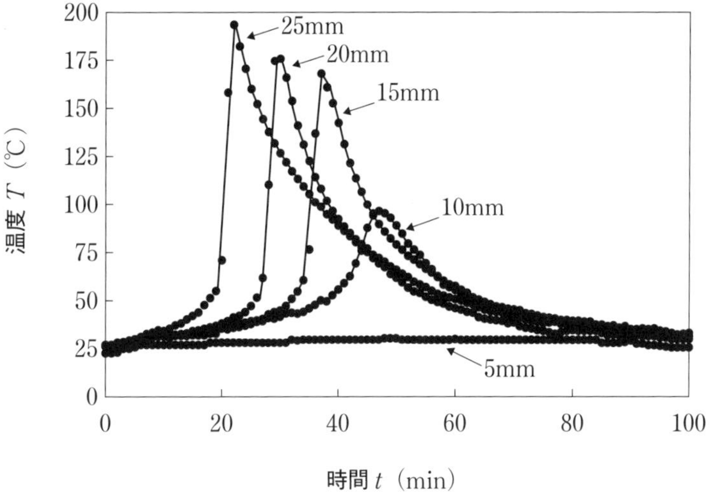

図 12-10　硬化反応中のエポキシ樹脂の温度変化

積層体の反り変形量

図 12-11 にエポキシ樹脂と鋼材またはエポキシ樹脂とプリント基板との組み合わせによる積層体について、反り変形量とエポキシ樹脂厚さの関係を示す。この図から、両方の積層体とも反り変形量はエポキシ樹脂厚さで大きく異なり、本実験の範囲ではエポキシ樹脂厚さ 15mm の場合が残留反り変形量が最大となり、またエポキシ樹脂と鋼材の組合せの方が 0.5mm 程度大きくなった。このように、積層体の構成材料の違いやエポキシ樹脂の厚さによって反り変形量に差異が生ずる理由として、構成材料の弾性係数や線膨張係数、ガラス転移温度などの熱的・機械的性質に起因する熱膨張・収縮力の大小が、積層体全体の曲げ剛性などと相互かつ密接に関与しているものと思われる興味ある現象である。

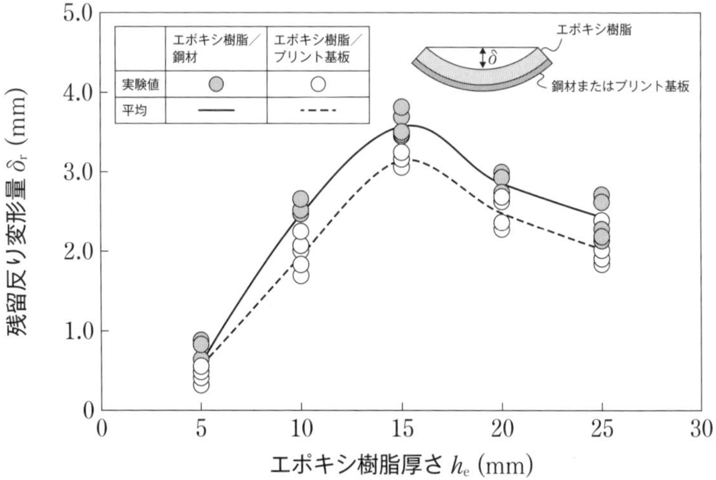

図 12-11　積層体の厚さと反り変形量

12.6　硬化と熱による反り変形の理論的予測

図 12-12（a）、（b） は、それぞれエポキシ樹脂と鋼材、ならびにエポキシ樹脂とプリント基板からなる積層体の反り変形量の実験値、VESAPの粘弾性解析から求めた熱反り、ならびに簡易予測式で算出した硬化反りを示したものである。図において、破線は硬化反り δ_{cu}、一点鎖線は熱反り δ_{th}、実線は硬化反りと熱反りの和の理論値 δ_{tc}（$\delta_{tc}=\delta_{cu}+\delta_{th}$）、またプロットは実験値の平均値を示している。ここで、理論値と実験値を比較すると、エポキシ樹脂とプリント基板の積層体では、両者はよく一致し前記の式（12.13）の補正係数 k_p は1で、エポキシ樹脂と鋼材の積層体では前記の式（12.12）の補正係数 k_s は2の値をとる。

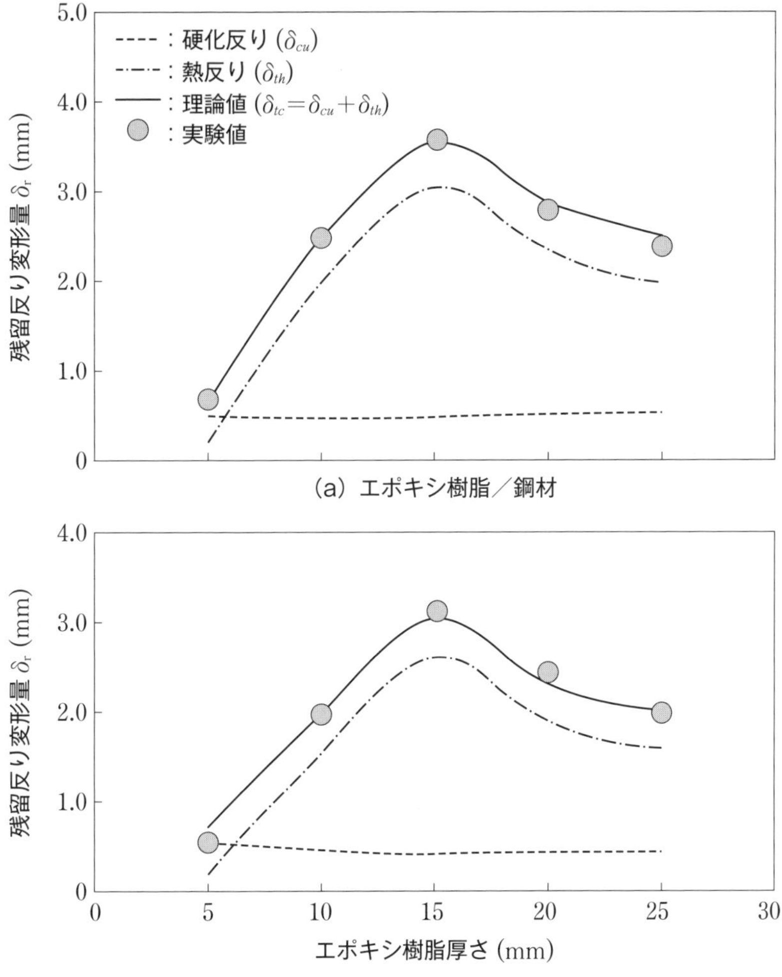

(b) エポキシ樹脂／プリント基板

図 12-12　残留ひずみの理論値と実験値の比較

以上述べた 10 通りの組合せの積層体について検討したが、これら組合わせの反り変形量について、一連の結果をまとめて**表 12-3** に示す。この表から、硬化反応（硬化反り：δ_{cu}）と熱負荷（熱反り：δ_{th}）の両者によって生ずる積層体の全反り変形量は、1～5％程度の誤差で実験値と概ねよく一致することが明らかになった。また、これらの理論的および実験的な一連の検討から、本検討の範囲内ではあるが、積層体の全反り変形量に占める硬化反応に起因する割合は15～20%程度で、その大部分は熱負荷に起因する反り変形であると推定されることが明らかとなった。

表12-3　積層体の残留反り変形量の理論値と実験値の比較

項目	エポキシ樹脂／鋼材					エポキシ樹脂／プリント基板				
エポキシ樹脂の厚さ h_e	5	10	15	20	25	5	10	15	20	25
化学反応による変形量 δ_{cu}	0.51	0.46	0.5	0.53	0.56	0.57	0.44	0.42	0.41	0.42
計算値に占める割合	(73)	(19)	(14)	(19)	(22)	(78)	(23)	(14)	(18)	(21)
熱負荷による変形量 δ_{th}	0.19	2.00	3.07	2.35	1.97	0.16	1.50	2.62	1.89	1.50
計算値に占める割合	(27)	(81)	(86)	(81)	(78)	(22)	(77)	(86)	(82)	(79)
計算値 δ_{tc}	0.71	2.47	3.56	2.88	2.53	0.73	1.94	3.04	2.31	1.96
実験値 δ_{ex}	0.67	2.47	3.59	2.83	2.41	0.51	1.94	3.13	2.45	1.98
誤差*	0.05	0.00	0.01	0.02	0.05	0.43	0.00	0.03	0.06	0.01

割合の単位は%、そのほかの単位はmm

＊誤差は $\frac{\delta_{ex}-\delta_{tc}}{\delta_{ex}}$ から求めた

この章では、エポキシ樹脂と鋼材、およびエポキシ樹脂とプリント基板からなる積層体を対象に、エポキシ樹脂の化学反応による硬化過程で生ずる反り変形量を特定するために、VESAPによる粘弾性解析と実験の両面から検討した。その結果、積層体の反り変形に与える硬化反応の割合・寄与率は、概ね15～20％程度と推測されることを明らかにした。なお、この検討は汎用の2液型のエポキシ樹脂で行ったものであり、実際の半導体パッケージや電子部品、基板実装時の樹脂とは異なることが予想される。

また、エポキシ樹脂が液体から固体へ相変化する際の貯蔵剛性率や損失剛性率の実験データを基に変換弾性係数の概念を導入して反り変形を予測した。この考え方は一般的に応用できると考えるが、実際の各種電子機器等に用いる樹脂に対しても、この予測式の有効性を検討する必要がある。

第13章

樹脂の粘弾性特性に及ぼす熱劣化の影響

13.1　樹脂の劣化について

樹脂は、一般に熱や紫外線によって経年劣化し、吸湿によってもその熱的・力学的特性が大きく変化する性質がある。半導体パッケージや実装基板等には多種多様な樹脂が用いられており、これらの樹脂の経年劣化等がエレクトロニクス機器等の信頼性に大きく影響することから、樹脂の経年劣化や寿命予測などが重要な課題である。また、近年エレクトロニクス機器等に用いる半導体パッケージなどは小型・薄型化の傾向にあり、使用する樹脂もごく薄い層状のものが多い。肉厚のバルク材であればさほど劣化が問題にないような樹脂でも、それが薄く微量になると熱や紫外線の影響を大きく受け、その性質の著しい変化や熱劣化など、製品の信頼性や品質に大きく影響することになる。

本章では、上記観点から熱による超薄型半導体パッケージ等に使用される接着剤の熱劣化問題を取り上げ、加熱を長時間付加した際の接着剤の粘弾性特性がどのように変化するかを実験で明らかにしていく。

13.2　熱劣化挙動の測定方法

供試材料と試験片

供試材料には、電子部品のLSIチップとプリント基板の接着接合や応力緩衝材として用いるフィルム状エポキシ樹脂系接着剤（以下、樹脂フィルムと略）を用いた。樹脂フィルムを長さ25mm、幅10mmの短冊状に切り、これに熱処理を施した後に除湿乾燥中に24時間放置して安定した後に、長さ20mm、幅5mmに裁断して樹脂フィルムの試験片を作製した。

動的粘弾性特性試験

試験には、縦振動型動的粘弾性測定装置を用いた。この装置の基本構造と動作原理を模式的に**図13-1**に示す。すなわち、恒温槽内にあるチャック部に試験片を固定したあと下部の加振器で試験片に正弦波のひずみを与えて、発生する応力応答を検出する。その時の動的応力とひずみ波形信号の一例を同図右に示す。そして、昇温下で時々刻々変化する荷重を試験片の断面積で除して応力とひずみ、および位相差を算出し、これらの値から貯蔵弾性率E'、損失弾性率E''および損失正接$\tan\delta$を求めた。なお、測定条件は標点間距離を10mmとし、加振周波数10Hz、温度範囲20～300℃、昇温速度5℃/min、定変位振幅1μmである。

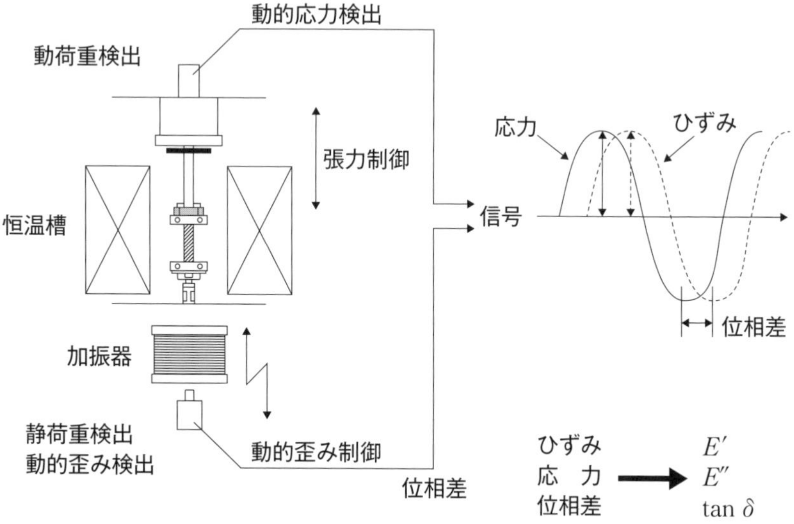

図 13-1 縦振動型動的粘弾性測定装置の基本構造と動作原理

試験片の熱処理

まず、未硬化の樹脂フィルムをメーカー推奨硬化条件の170℃で60分保持して硬化させた。また、本実験では熱劣化挙動を把握するために、上述の条件で硬化させた樹脂フィルムを基準（保持時間0分）として、加熱温度と加熱時間を変化させて測定を行う。

13.3 熱劣化挙動の測定結果

貯蔵弾性率

図 13-2、**13-3** および **13-4** に、それぞれ260℃、280℃および300℃一定の加熱温度で保持時間を種々変化させた場合の貯蔵弾性率 E' の温度

分散を示す。これらのいずれの図からも概ね次のことが分かる。すなわち、室温から120℃程度までのいわゆるガラス状領域においては、各種の保持時間の影響は認められず、E' の値はほぼ一定値を示す。また、120℃程度からの粘弾性領域で E' 値は減少し始め、保持時間が長い程 E' の減少開始温度が高温側にシフトする。また、200℃程度以上のゴム状領域においては、E' 値は保持時間が長いほど大きくなる傾向を示す。

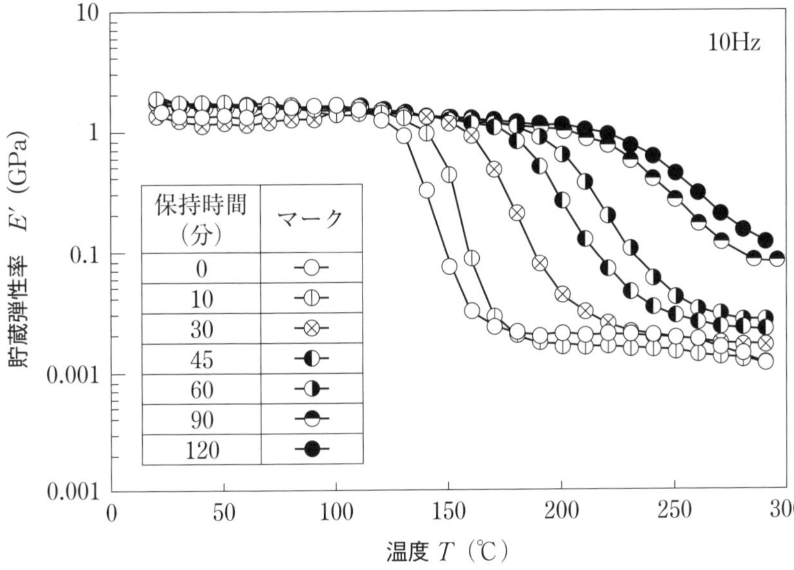

図 13-2　保持温度 260℃における貯蔵弾性率

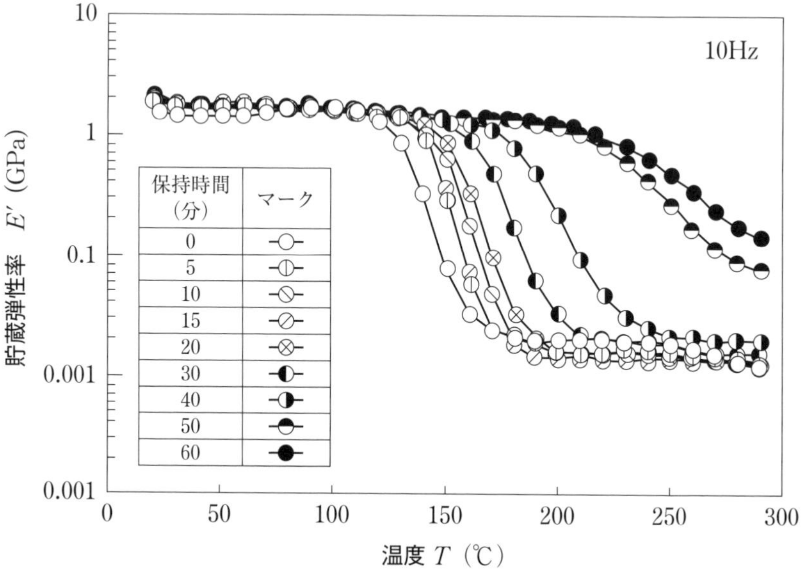

図 13-3　保持温度 280℃における貯蔵弾性率

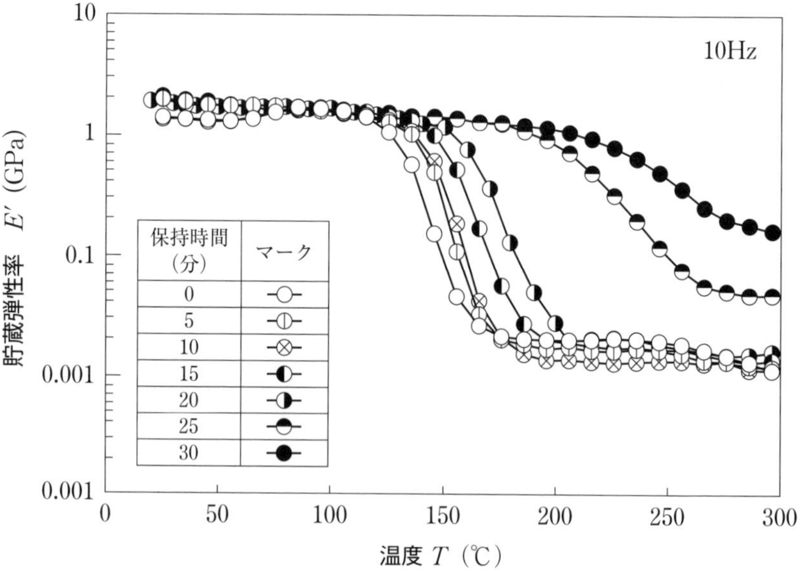

図 13-4　保持温度 300℃における貯蔵弾性率

損失弾性率

図 13-5 に、260℃で一定の加熱温度下で保持時間を変化させた場合の損失弾性率 E'' の温度分散を示す。この図から、保持時間が長くなると、E'' の極値が高温側にシフトすると共に、その値も減少することが分かる。ここで、E'' は樹脂の粘性項を示す貯蔵粘性率 η' と、$E''=\omega\eta'$ の関係があり、動的応答の損失の程度を表す項である。なお、角速度 ω、加振周波数 f とすると、$\omega=2\pi f$ である。

ここで、E'' の極値が減少することは、樹脂フィルムの粘性が低下し脆化の進行を意味している。すなわち、樹脂フィルムを長時間加熱すれば脆化が進行し破断時の伸びが低下することから、小さい外的負荷応力で樹脂フィルムに亀裂や界面剥離の不良が容易に発生することになり、電子機器等の信頼性にとっては望ましくない。なお、同様の傾向が 240℃、280℃および 300℃保持においても確認される。

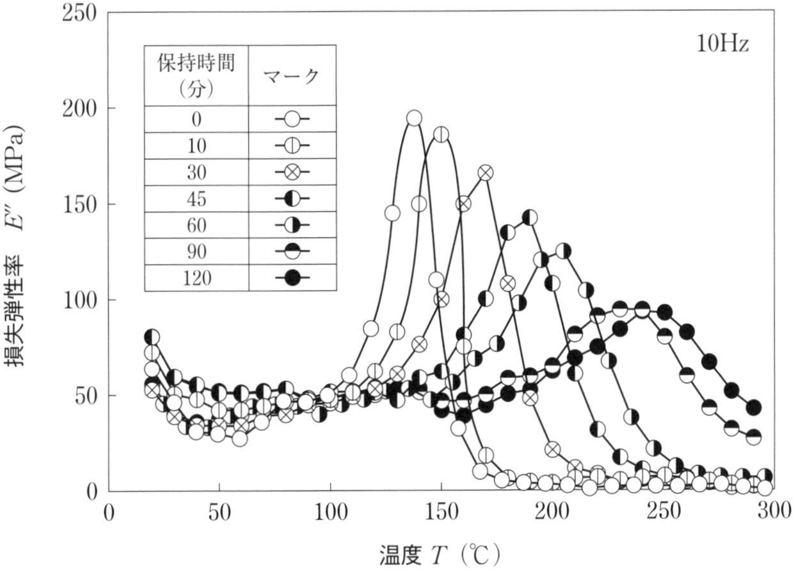

図 13-5　保持温度 260℃における損失弾性率

損失正接

図 13-6 に、前述と同様に一例として 260℃一定の熱負荷下で保持時間を種々変化させた場合の損失正接 tan δ の温度分散を示す。ここで、損失正接は貯蔵弾性率 E' と損失弾性率 E'' の比であり、tan $\delta = E''/E'$ で示される。この図から、損失正接の極値は損失弾性率と同様に保持時間が長くなると高温側にシフトすると共に、その値も減少する。損失正接は、分子運動の頻度を表しているため、その極値の減少は分子運動の低下、すなわち主鎖の開裂反応や側鎖の置換反応、つまり熱分解や酸化の進行により分子運動が抑制されているためと考えられる。

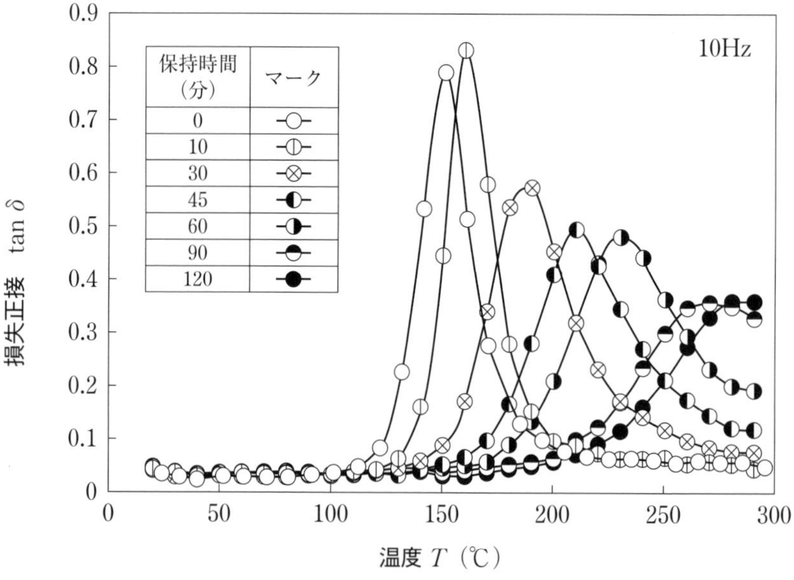

図 13-6　保持温度 260℃における貯蔵弾性率

ガラス転移温度

図 13-7 に、加熱温度をパラメータとして保持時間とガラス転移温度の関係を示す。図から、ガラス転移温度は各加熱温度において保持時間の経過とともに直線的に増加している。一般にガラス転移温度は、材料

が硬い状態から軟らかくなる状態に変化する時点の温度のことであり、材料の耐熱性の指標となる。すなわちガラス転移温度が高い材料とは、熱に強いとか、なかなか軟化しない材料であることを意味している。したがって、この図から言えることは、材料を高温に長時間保持すれば材料が熱劣化し、その結果としてガラス転移温度が高くなったことを意味しており、材料設計上重要なことを示唆している。

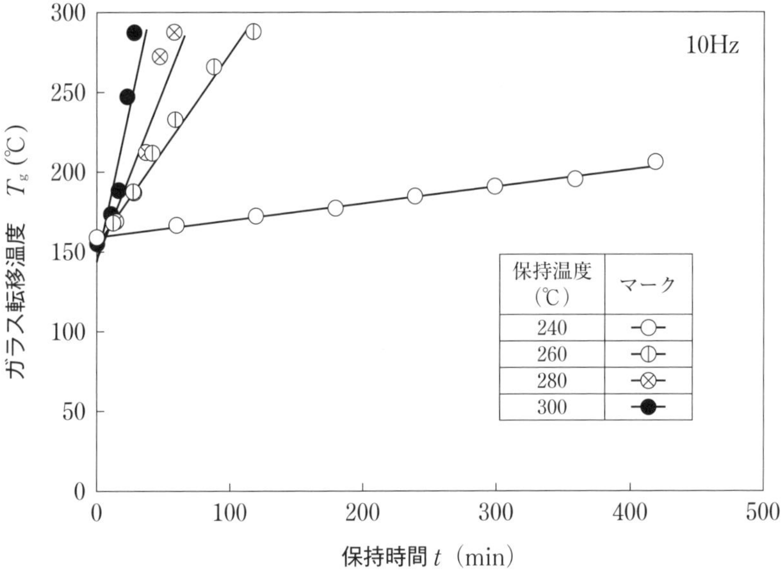

図 13-7　保持温度とガラス転移温度の関係

13.4　熱劣化と製品の信頼性について

この章では、エレクトロニクス機器に多用されている半導体パッケージ等に用いるフィルム状エポキシ樹脂系接着剤を対象として、それに熱負荷を与えた場合に粘弾性特性がどのように変化するかを実験結果とともに確認してきた。その結果、負荷する加熱温度と保持時間が長時間と過酷になれば、貯蔵弾性率や損失弾性率および損失正接が著しく変化する。すなわち、過酷な熱負荷条件下では接着剤の分子運動を抑制されるために劣化や脆化の現象が生じ、力学的特性が著しく劣ることを実験的に確認した。これらの樹脂の粘弾性特性に及ぼす熱劣化の影響を表す諸データは、今後の斬新な樹脂開発や熱プロセス設計、さらには製品の寿命予測など広範囲なエレクトロニクス機器等の設計開発に有益と思われる。すなわち、脆い材料（アクリル樹脂）に柔軟なゴム状の材料（ブタジエンゴム）をブレンドすることで強度と靭性を共存させたような材料開発があるように、エレクトロニクス機器においても多様な樹脂材料が用いられる。このため、耐熱性の高い材料や触媒を適当量添加することによって樹脂の耐熱性を向上させエレクトロニクス製品等の耐久寿命を延ばすなど、製品の信頼性確保につながる材料開発が期待できる。

第 14 章

粘弾性体の反り変形の簡易評価法の定式化

14.1　簡易評価法について

本章では、樹脂を含む積層体に熱負荷を与えた際の反り変形量を簡便に予測評価する方法を検討する。具体的には、半導体パッケージなどの電子デバイスを簡易モデル化したエポキシ樹脂／プリント基板、およびエポキシ樹脂／鋼材の積層体を対象に、多少の厳密性を犠牲にした反り変形量を簡便に予測する簡易式を検討した。そして、この簡易式から求めた反り変形量（以下、簡易値と呼ぶ）を、実験値および厳密なVESAP解析から求めた値（以下、理論値と呼ぶ）と比較し、簡易式の有用性を検討した結果について取り上げる。

なお、この簡易式は適用限界があり、すべてに対して適用できるものではないが、この考え方は樹脂を含むようなエレクトロニクス製品等においては適用ができる可能性がある。企業の設計技術者においては、定量的な精度や確度よりも、場合によっては迅速な解決方向や設計指針を優先したいという場合には参考になるものである。

14.2 簡易式の導出

(1) 導出の考え方

一般に、液体のエポキシ樹脂が固体になるまでの一連の過程では、硬化収縮と熱収縮の2つの現象が生ずる。この2種の現象については前章で述べたように、積層体の全反り変形量（熱収縮による反り＋硬化収縮による反り）に対する硬化収縮による反り変形の割合は、樹脂厚さによっても異なるが概ね15～20％程度であり、その大部分は熱に起因して生ずる反り変形量である。以上のことから、極めて簡易に反り変形量を求める場合には、硬化収縮による反り変形を考慮せず樹脂の熱収縮による反り変形の計算のみで可能であると考え、熱収縮のみを考慮した反り変形量を求める簡易式の考え方を下記に示す。

簡易式の導出にあたっては、**図 14-1** に示す長さ L、幅 b を一定として、材料1と材料2の厚さをそれぞれ h_1、h_2 とする積層体について考える。

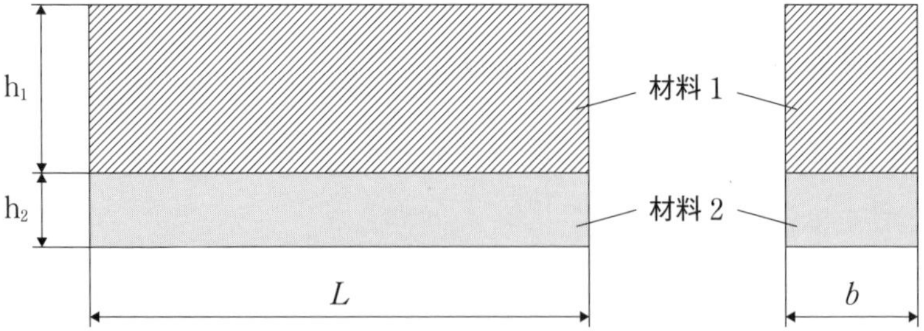

図 14-1　積層体の形状と寸法

図 14-2 は、エポキシ樹脂の粘弾性特性のうち貯蔵弾性率 E（上図）と線膨張係数 α（下図）を示したものである。

簡易式では、この温度によって複雑に変化する粘弾性材料の物性値を **図 14-2** の実線で示すように、ガラス転移温度 T_g を境に2本の直線（T_g

未満：ガラス状領域と T_g 以上：ゴム状領域）で近似した。次いで、簡易式の導出には、慣用の材料力学の考え方に基づいて、その基礎式を用いて簡単な式で表示するなど2つの工夫を試みた。したがって、必ずしも厳密には成り立たない式構成や理論的な飛躍がある場合も考えられる。

また、予備実験からエポキシ樹脂が化学反応によって液体から固体へと相変化すると共に、その変化状態は積層体の中心部から両端部に向けて徐々に固体状態に移行し、この時点から積層体に反り変形が生ずることがわかった。

そこで、簡易式の導出では積層体の両端部が固化した時点から反り変形が生じ、かつ反り変形は両材料の貯蔵弾性率 E や線膨張係数 α の差異に起因すると共に、積層体の曲げ剛性に基づくものと考えた。さらに、反り変形の開始温度をエポキシ樹脂の化学反応がほぼ終了する硬化温度 T_c とした。なお、この硬化温度 T_c については後述する。

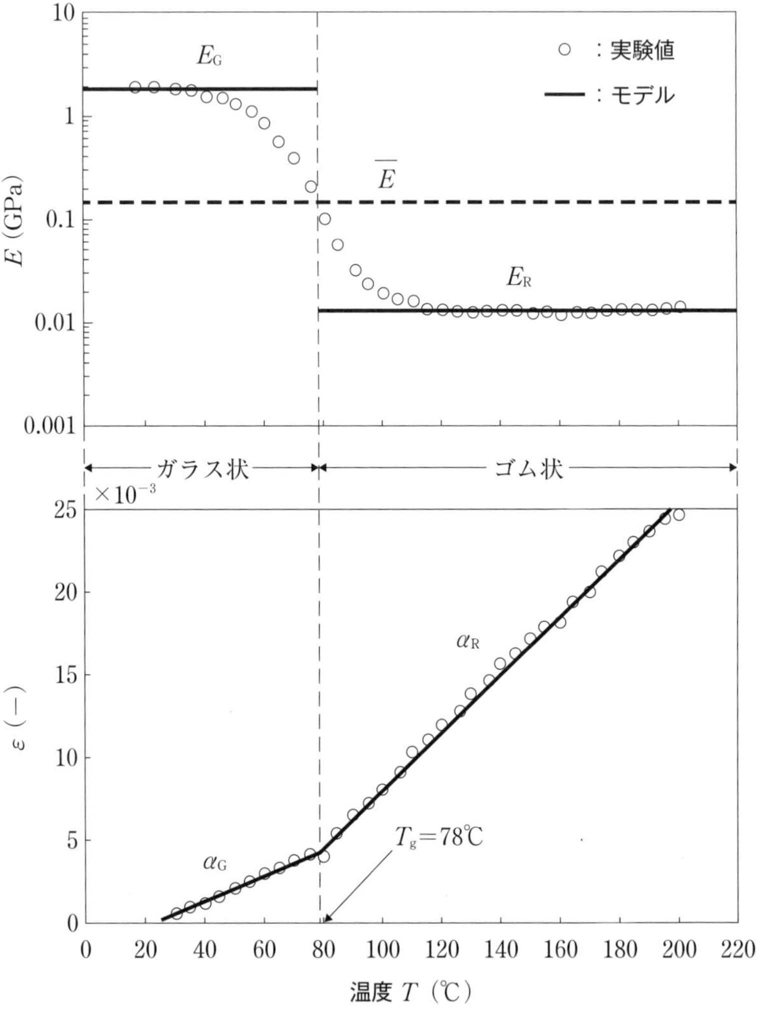

図 14-2　エポキシ樹脂の粘弾性特性

(2) 簡易式の定式化

積層体に硬化温度 T_c から室温 T_e までの温度変化を与えた場合に、材料 1 と材料 2 それぞれの熱収縮に起因して発生する熱応力 σ を求める式を、ガラス転移温度 T_g を境に2つの式で表現した。その導出過程を次に示す。ここで、貯蔵弾性率 E と線膨張係数 α は、ガラス転移温度未満（ガラス状領域）をそれぞれ E_G、α_G とし、ガラス転移温度以上（ゴム状領域）を E_R、α_R とした。

(i)　$T_e < T_c < T_g$ の場合

熱応力 σ は、貯蔵弾性係数 E_G と線膨張係数 α_G とすることから、次式で表現できる。

$$\overline{E_i}=E_{Gi} \quad i=1, 2 \qquad (14.1)$$

$$\sigma_i=(T_c-T_e)\cdot\alpha_{Gi}\cdot E_{Gi} \quad i=1, 2 \qquad (14.2)$$

(ii)　$T_e < T_g \leqq T_c$ の場合

エポキシ樹脂厚さによって異なる（T_c-T_g）間の温度差が貯蔵弾性係数 E に与える影響を平均値で表す。これにより、時間と温度によって貯蔵弾性係数 E が著しく変化する熱粘弾性特性を簡単に表現することを試みた。ここで、図2の破線で示すように、貯蔵弾性係数Eは硬化温度 T_c から室温 T_e までの温度区間の平均貯蔵弾性率 $\overline{E}$ の値を用いた。したがって、各温度領域における熱応力 σ は次式で表現できる。

$$\overline{E_i}=\frac{(T_c-T_g)\cdot E_{Ri}+(T_g-T_e)\cdot E_{Gi})}{T_c-T_e} \quad i=1, 2 \qquad (14.3)$$

$$\sigma_i=(T_c-T_g)\cdot\alpha_{Ri}\cdot E_{Ri}+(T_g-T_e)\cdot\alpha_{Gi}\cdot E_{Gi} \quad i=1, 2 \qquad (14.4)$$

また、式（2）と式（4）の熱応力で生ずる材料1と材料2それぞれの曲げモーメントを M_1 と M_2 とすると、これらの曲げモーメントは、熱応力 σ と材料1と材料2の断面係数 Z_1 と Z_2 から次式で表現できる。

$$M_i=\sigma_i\cdot Z_i \quad i=1, 2 \qquad (14.5)$$

$$Z_i=\frac{b\cdot h_i^2}{6} \quad i=1, 2 \qquad (14.6)$$

次いで、式（5）、（6）は単体のはりに用いる式であるが、2つの材料がお互いに接着接合している積層体の場合については、お互いの材料で拘束しているものと考えられることより、積層体の熱反り変形は曲げモ

ーメント M_1 と M_2 の差で生ずると考えた。それに基づき、熱反り変形に関与する曲げモーメントを M_d とし、これを次式で表現した。

$$M_d = M_1 - M_2 \quad i = 1, 2 \qquad (14.7)$$

また、材料 1 と材料 2 それぞれの断面二次モーメントを I_1、I_2 とすれば、

$$I_i = \frac{b \cdot h_i^3}{12} \quad i = 1, 2 \qquad (14.8)$$

で表現でき、積層体に生ずる曲率 κ は、慣用の曲げ理論から次式で表せる。

$$\kappa = \frac{M_d}{(\overline{E}_1 + I_1 + \overline{E}_2 + I_2)} \qquad (14.9)$$

最終的に、積層体の残留熱反り変形量 δ は次式で算出できる。

$$\delta = \frac{L}{2} \tan\left\{\frac{1}{2}\sin^{-1}\left(\frac{L\kappa}{2}\right)\right\} \qquad (14.10)$$

14.3　実験方法

実験には、**図 14-1** に示すエポキシ樹脂／プリント基板、ならびにエポキシ樹脂／鋼材からなる積層体を用いた。積層体の構成材料には、材料 1 に主剤と硬化剤を 5：1 の割合で混ぜ合わせた性質の異なる 2 種類のエポキシ樹脂を、材料 2 にプリント基板、鋼材を用いた。ここで、積層体の形状・寸法は、長さ L を 150mm、幅 b を 15mm と一定にし、プリント基板の厚さ h_2 が 1.0mm と 1.6mm、鋼材の厚さ h_2 が 0.5mm の 3 種類に対して、エポキシ樹脂の厚さ h_1 を 5～25mm で 5mm 間隔に変化させた 5 種類の合計 15 通りとした。

積層体は、プリント基板および鋼材上に液体のエポキシ樹脂を所定量注入して作製した。この作製過程での反り変形状態を CCD カメラで逐次撮影し、計測ソフトを用いて反り変形量を測定した。また、積層体の

硬化開始温度 T_c は、エポキシ樹脂の中心部に熱電対を装填し、時々刻々と変化する温度から測定した。併せて、光粘弾性装置を用いて硬化過程で積層体に現れる縞模様の様子をビデオカメラで撮影した。

また、各種材料の熱粘弾性特性の測定には、動的粘弾性測定装置と熱機械分析装置を用いた。測定した熱粘弾性特性と熱的性質を**表 14-1** に示す。これらの値を前記した VESAP による粘弾性解析に使用した。

表 14-1　構成材料の熱的・機械的性質

材料	熱伝導率 W/(m·K)	比熱容量 kJ/(kg·K)	密度 kg/m^3	ガラス転移温度 ℃	線膨張係数 (10^{-6}/K)		緩和弾性係数 (GPa)	
					$T \leqq T_g$	$T_g < T$	$T \leqq T_g$	$T_g < T$
エポキシ樹脂 A	0.186	1.423	1220	108	80.6	161.6	1.53 ～ 0.015	
エポキシ樹脂 B				78	72.0	176.6	2.05 ～ 0.015	
FR−4 (1.0mm)	0.32	1.256	1810	147	13.4	10.9	10.7 ～ 5.29	
FR−4 (1.6mm)				137	9.2	2.0	7.11 ～ 2.92	
鋼材	25.11	0.460	7780	−	11.7		204.0	

14.4　樹脂の硬化温度の決定

図 14-3 に、エポキシ樹脂の硬化温度における温度の時間的変化の測定結果を示す。ここで、光粘弾性装置で観察した応力のしま模様の変化は、図中丸印の T_t ではエポキシ樹脂の中心にしま模様が見え始めた温度、四角印の T_c では縞模様がエポキシ樹脂全体に現れた温度を示す。

この光粘弾性装置の観察結果から、発熱温度の極大値 T_{max} では、エポキシ樹脂がまだゲル状態であり、固体に変化できていないことがわかった。そして、四角印の硬化温度 T_c は発熱温度の極大値 T_{max} よりも低い値を示していることが明らかとなった。

ここで、著者らはエポキシ樹脂内部に見られるしま模様が、積層体全体に現れた時点で、液体から固体への変化である硬化収縮、ならびにそれに伴う硬化反りが完了したものとして、この時点から積層体に熱反り変形が生ずると考えた。すなわち、この積層体全体が固化した時の温度を硬化温度 T_c とし、この温度を簡易式に用いた。

また、この図より発熱温度の極大値 T_{max} から硬化温度 T_c までに要する時間は、エポキシ樹脂が厚くなるほど短時間であることがわかる。これは、エポキシ樹脂が厚い場合には、硬化反応が急速に促進されて発熱量も大きくなり、硬化温度 T_c に達する時間が短くなったものと考えられる。

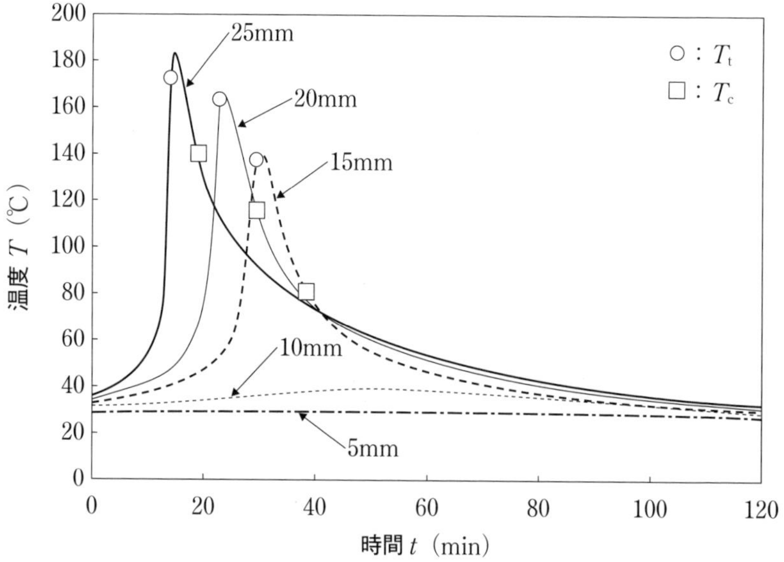

図 14-3　発熱温度に及ぼすエポキシ樹脂厚さの影響

14.5　簡易評価法の妥当性検証

図 14-4、**図 14-5** に、エポキシ樹脂厚さの異なる各種積層体の反り変形量の実験値と理論値、ならびに簡易値を比較して示す。ここで、プロットは実験値、破線は理論値、実線は簡易値である。**図 14-4** は、簡易式にエポキシ樹脂の発熱温度の極大値 T_{max} を用いて算出した簡易値を、実験値や理論値と比較して示したものである。

この図から、(a) エポキシ樹脂 A／鋼材、および (b) エポキシ樹脂 A／FR－4（1.6mm）の場合は、エポキシ樹脂厚さの増加に対する反り変形量の簡易値は実験値や理論値と比べて絶対値は異なるが、その傾向は一致している。また、(c) エポキシ樹脂 B／FR－4（1.0mm）の場合では、簡易値は理論値とほぼ一致していることがわかる。

一方、**図 14-5** は簡易式にエポキシ樹脂の硬化温度 T_c を用いて算出した簡易値を、実験値や理論値と比較して示したものである。この図から、簡易値は、実験値や理論値と反り変形量の絶対値や傾向がおおむね一致していることがわかる。すなわち、エポキシ樹脂の硬化温度 T_c を簡易式に適用したことで、反り変形量の簡易値が実験値と一致し、先の **図 14-4** の結果と比べて、簡易値が反り変形量を精度良く求めることができることがわかった。したがって、硬化過程を経て固体状態となったエポキシ樹脂からなる積層体の反り変形量を求める簡易式には、発熱温度の極大値 T_{max} よりもむしろ硬化温度 T_c を用いる方が望ましいといえる。

以上のことから、簡易式は、貯蔵弾性率や線膨張係数などの物性値には、粘弾性材料のガラス転移温度を境に 2 直線で近似し、かつ反り変形開始の温度には、エポキシ樹脂の硬化温度 T_c を用いれば概ね反り変形量を簡便に予測可能であると考えられる。

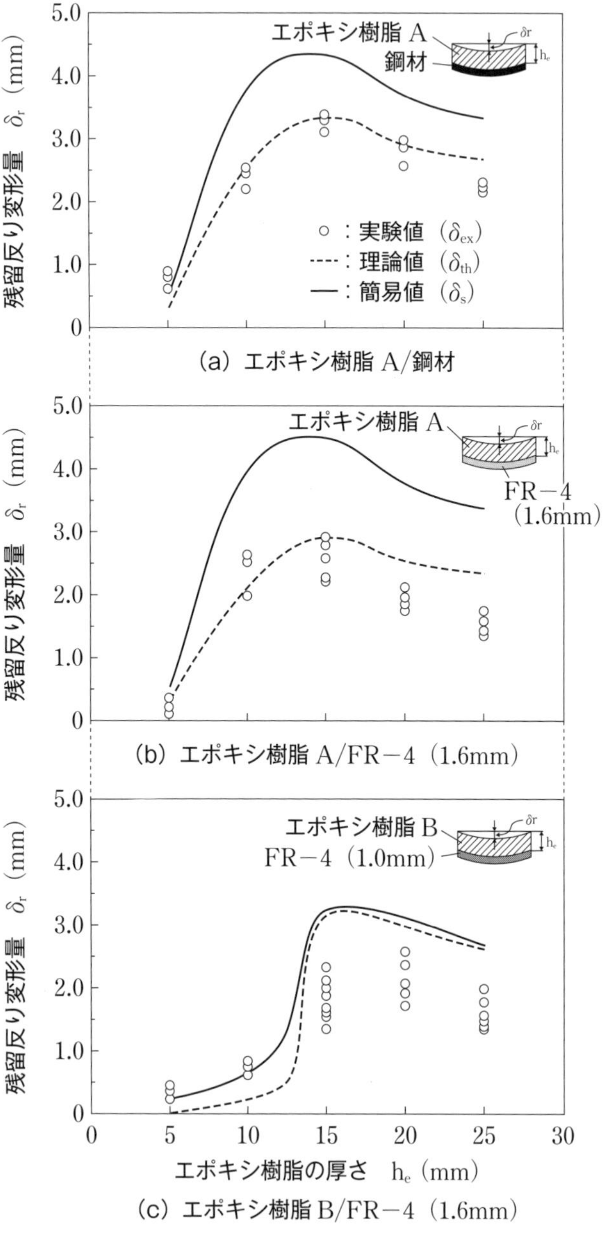

図 14-4　発熱温度の極大値を用いた場合の残留反り変形量

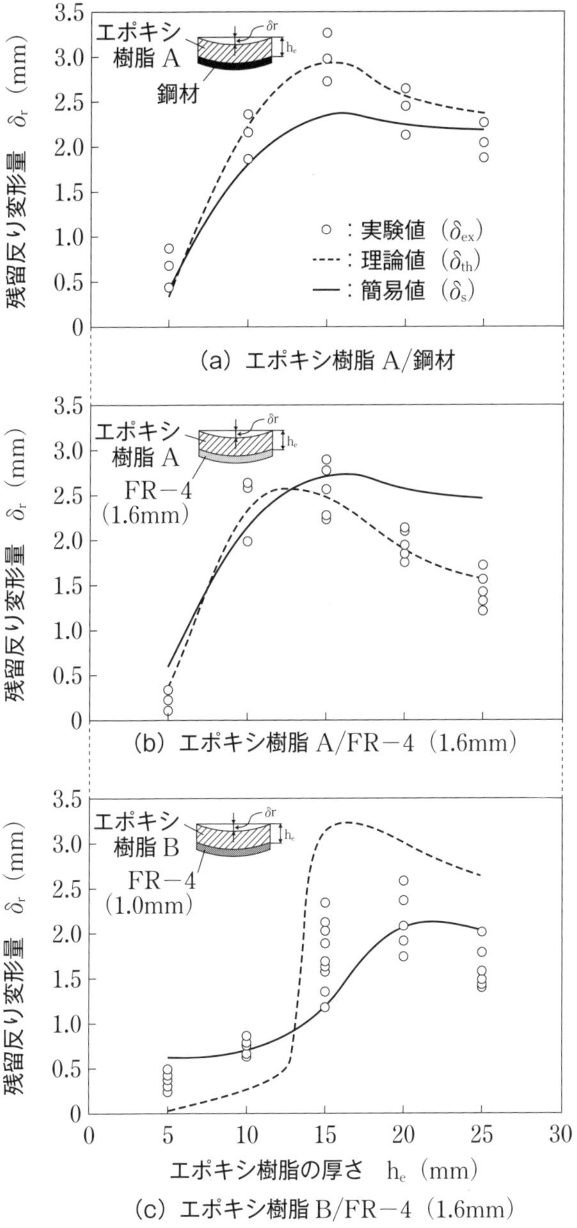

図 14-5　硬化温度を用いた場合の残留反り変形量

14.6 おわりに

粘弾性挙動を示すエポキシ樹脂とプリント基板、ならびにエポキシ樹脂と鋼材からなる2層の粘弾性積層体の反り変形量を、簡便に予測評価するため簡易式を導出した。この簡易式から求めた簡易値を実験値ならびに粘弾性理論の基づく解析で得た理論値の3者で比較検討し、以下の結論を得られる。

(1) 樹脂の硬化過程を考慮した粘弾性体の反り変形量を求める評価法を定式化した。この簡易式は、時間と温度によって著しく変化するいわゆる粘弾性挙動を示す樹脂の貯蔵弾性率と線膨張係数を簡単な粘弾性力学モデルで表現し、慣用の材料力学の基礎式から簡便に予測する式である。

(2) 導出した簡易式に、光粘弾性装置を用いて得た硬化温度を適用すれば、簡易値は実験値や理論値と概ね一致することがわかった。

しかしながら、ここでの検討内容はエポキシ樹脂とプリント基板からなる2層積層体に対して検証したもので、多層積層体の場合や加熱、冷却速度などの影響については別途検討が必要である。

第15章 粘弾性体の残留応力と変形に関する光学的簡易評価法

15.1　はじめに

これまで見てきたように、エレクトロニクス機器などの精密機器には、それに内蔵する実装基板や半導体パッケージなどの電子部品の反り変形量は、ナノからミクロン単位のオーダーの精度が要求される。それと同時に、これらの電子部品を製造する過程に多くの熱負荷を受け、それが原因で部品内部に残留応力が生じている。

この残留応力は、各種材料の接着界面の剥離や部品内部の微小亀裂の発生、及び経時的な残留応力の開放による実装基板等の変形など様々な不良発生原因となることがある。したがってこの残留応力がどの過程でどの程度発生するかのメカニズム解明やその防止法が重要な技術課題である。

1．実験による光弾性測定法

残留応力の実験的評価法としては、試料に直接穴をあけたり、溝を切るなどの機械的な力を与えるセミ破壊法や切断法、ザックス法、逐次除去法などの手法がある。しかし、これらの機械的測定法はかなり煩雑な手順と時間を要する。別の測定法として材料の複屈折現象を利用した光学的測定法がある。この代表的な方法は光弾性法である。

光弾性とは、外力を受けた弾性体が後述する複屈折とよばれる現象を起こす性質のことで、光弾性の性質を持つ物体を光弾性体という。この光弾性は、材料の応力分布を解析する実験法としてよく使われる。すなわち、光に対する性質に方向性があるような物質に光が入射すると、屈折光は２つの方向に分かれて進む。また、２枚の偏光板に挟んだ透明なプラスチック材料に力を加えると、分子の並び方が変わることで屈折率がわずかに変化して干渉色も変化する。この現象が光弾性であり、透明な物体に負荷が作用すると物体内部のひずみの変化によって複屈折が生じ、物体内部の応力分布や応力が集中する箇所を知るためにも光弾性法はよく用いられる手法である。具体的には、ガラスやプラスチック材料のように透明で均一な物体に荷重を加えて発生する複屈折現象を測定して物体内の応力状態を実験的に求める方法を光弾性法という。

光弾性法の測定原理

簡単に光弾性測定の原理について述べる。エポキシ樹脂やガラス等の透明な等方等質体に荷重を付加すると物体内には一時的な複屈折現象が起こる。複屈折とは、物体に光を入射させたときその透過光が互いに直交する偏光面を持ち、速度が異なる２つの平面偏光に分解される現象である。

ここで、**図 15-1** に光弾性測定法の一例を紹介する。図のように、光源Ｓから出た光は偏光板 P_1 と 1/4 波長板 Q_1 および物体Ｔを通過して照射して、再び 1/4 偏光板 Q_2 と偏光板 P_2 を通過した光をカメラで測定します。この際、偏光板 P_1 と P_2 の主軸は直交され、1/4 波長板 Q_1 と Q_2 の主軸が P_1 と P_2 の主軸と 45° をなす組み合わせで、Q_1Q_2 間は円偏光となる。試料の位相差Ｒによって定まる光の強度Ｉが測定される。

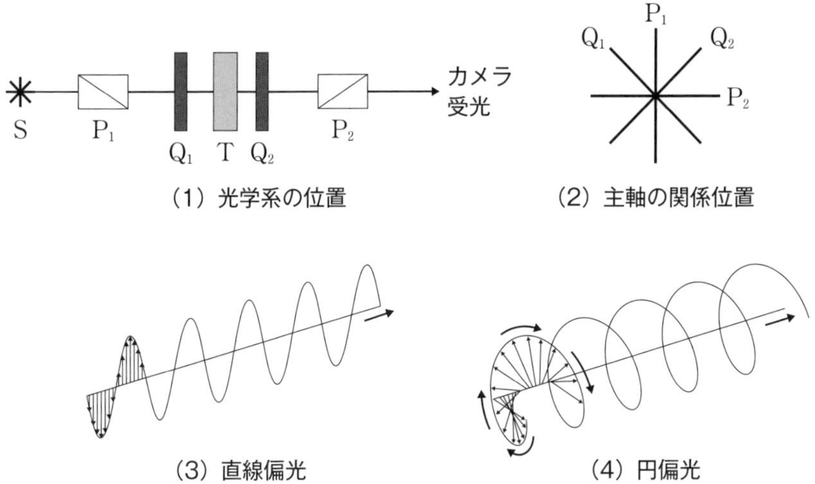

図 15-1　光弾性の測定と偏光の種類

この現象を利用すると、負荷を受けた物体に性質の異なる等色線と等傾線と呼ばれる 2 種類の干渉縞が現れ、この性質を利用して物体内の応力状態を実験的に求める方法が光弾性法である。すなわち、物体内部のひずみの大小によって複屈折した偏光に位相差が生じ、それが干渉縞となって現れる。いま、厚さ h の光弾性物体にさまざまな方向から負荷が加えられ、その外力が主応力 σ_1 と σ_2 で表せるとする。そのとき分かれた 2 つの偏光の位相差 R は次式で表すことができる。

$$R = Ch\,(\sigma_1 - \sigma_2)$$

ここで、定数 C を光弾性定数という。通過後の偏光の度合いを偏光器で測定することにより、光弾性物体に加わった応力分布や応力の状態が分かり応力解析が可能となる。

しかし、上述の光弾性法には光弾性感度に時間および温度依存性が考慮されていないのが問題で、これは前記のように材料の状態が温度によってガラス状態からゴム状態へと変化するエポキシ樹脂のような粘弾性挙動を示す材料には適さない。しかし、光粘弾性法を用いれば、例えば高温から低温まで冷却される過程で時々刻々変化する材料内部の熱応力や熱ひずみを求めることができ、冷却後のいわゆる残留応力や残留ひずみを測定することが可能である。

本章では、上記のような背景から、プラスチック材料に生じる残留応力、残留ひずみのより簡便かつ迅速で、しかも非破壊・非接触法である光学的測定法の開発について以下述べる。

15.2　光粘弾性モデルによる基礎式の誘導

(1)　光粘弾性モデル

熱硬化性樹脂のような光粘弾性体の応力—ひずみ—しま次数の関係は、急冷のように温度変化の大きい場合には時間よりむしろ温度の影響を大きく受ける。そこで、問題を簡単にするため、ここでは応力—ひずみ—しま次数関係に温度依存性のみを考える。

図 15-2 の左は、一例としてとりあげたポリウレタン樹脂について、その縦弾性係数 E、熱ひずみ ε_α およびひずみ感度 β の温度変化を示すもので、破線が実際の挙動であるがこれを実線で近似する。樹脂のガラス転移温度 T_g を境として、次の 2 式で表わす。

$$E=E_G,\ \varepsilon_\alpha=\alpha T,\ \beta=\beta_G\ (T\leqq T_g) \quad \cdots\cdots (15.1)$$

$$E=E_R,\ \varepsilon_\alpha=\alpha T,\ \beta=\beta_R\ (T>T_g) \quad \cdots\cdots (15.2)$$

ここで、E_G、E_R はそれぞれガラス状態、ゴム状態における縦弾性係数、α は線膨張係数、T は温度、β_G、β_R はそれぞれガラス状態、ゴム状態におけるひずみ感度である。

一般に、$E_G \gg E_R$ より、この場合の力学的挙動は、同図右に示すようにばね K_G、K_R、ダッシュポット D および熱膨張 L の各組み合わせからなる粘弾性 4 要素モデルで表現できる。ここで、ばね K_G、K_R の E をそれぞれ E_G、E_R とし、ダッシュポット D は T_g 以下の温度では固定し、T_g 以上では伸縮に対する抵抗はなく自由に動くものとし、さらに熱膨張Lの線膨張係数 α は一定とする。

また、ばね K_G、K_R のひずみ感度をそれぞれ β_G、β_R とすれば、上述の2式を満足するところの光粘弾性4要素モデルとなる。

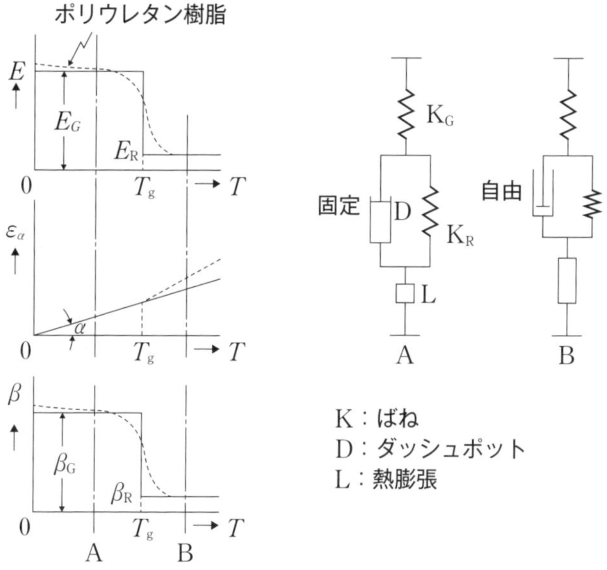

図 15-2　光粘弾性モデル(1)

2．光粘弾性モデルによる基礎式の誘導

図 15-3 に示す矩形断面をしたはり形状の試験片を上下両面から急冷した場合に生じる残留応力、残留ひずみおよび残留しま次数を上述のモデルで説明する。

図 15-3 に示すように、試験片を上表面、下表面近傍の層（それぞれU、Lとする）と、内部の層（Iとする）に分け、それらが上述のモデルからなり、かつ並列に結合されているとする。

いま、試験片を高温保持温度 T_h から冷却温度 T_c に急冷した場合、モデルの時間に対する温度変化は**図 15-3** の右に示すⅠ～Ⅴのステップを経るものと考えられる。今回は、試験片の各層の温度が T_c に長時間保持され均一になった後のいわゆる残留応力に着目しているので、以下最終段階のステップVについて考える。

ステップVにおける各層の残留応力σ_r、残留ひずみε_r ($=\varepsilon_G+\varepsilon_R$) および残留しま次数$n_r$は材料の非圧縮性を仮定すると次式で表現できる。

$$\sigma_{ir}=\frac{2}{3}\cdot\frac{E_G}{\beta_G-\beta_R}(n_{ir}-\bar{n}_r)\text{、}i=U, I, L \quad (15.3)$$

$$\varepsilon_r=\frac{2}{3}\cdot\frac{1}{\beta_R}\cdot\bar{n}_r \quad (15.4)$$

(15.3)、(15.4) より、厚さhの試験片における長手方向に生じる残留応力分布σ_r (x)、残留ひずみε_rは、残留しま次数分布N_r (x) より次式の基礎式から近似的に求まるものと類推される。

$$\sigma_{ir}=\frac{2}{3}\cdot\frac{1}{h}\cdot\frac{E_G}{\beta_G-\beta_R}\{N_r(x)-\overline{N_r}\} \quad (15.5)$$

$$\varepsilon_r=\frac{2}{3}\cdot\frac{1}{h}\cdot\frac{1}{\beta_R}\cdot\overline{N_r} \quad (15.6)$$

ここで、$\overline{N_r}$：残留しま次数の平均値

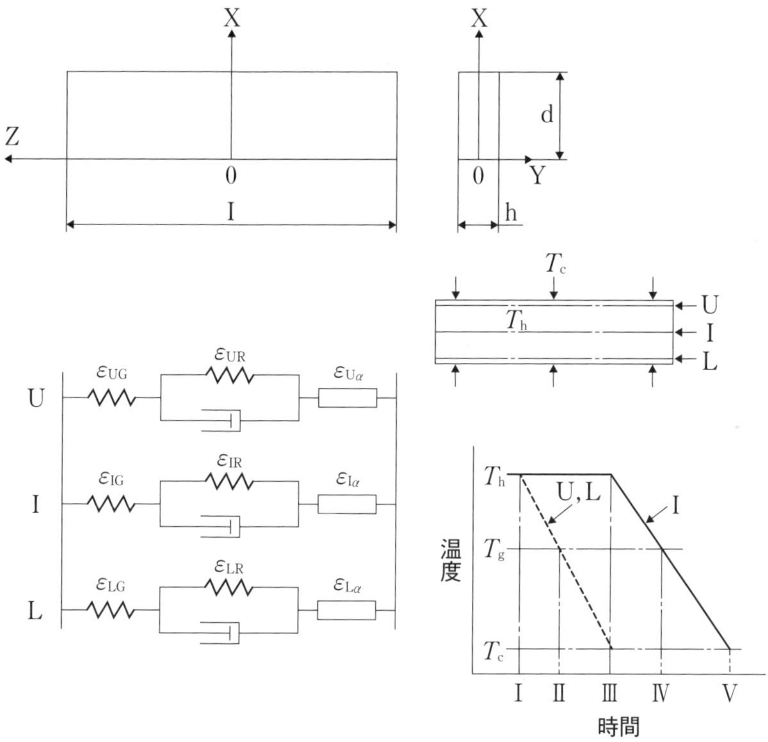

図 15-3　光粘弾性モデル(2)

15.3　線形光粘弾性理論による基礎式の誘導

(1)　一般二次元問題

図 15-4 に示すような直交座標系 (x−y−z) において、x−y 面の広がりに対して厚さ h が十分小さい線形光粘弾性体を考える。この線形光粘弾性体が、外部から拘束を受けることなく高温保持温度 T_h に一様に

保たれた無応力、無ひずみの状態から冷却され時間が十分経過した時刻 $t=\infty$ において冷却温度 T_c となったものとする。また、冷却過程において任意の点Pにおける主応力軸、主ひずみ軸および偏向軸方向がx、y方向に一致し、時間的に変化しないものとする。温度分布は位置x、yと経過時間 t の関数であり、生じる熱応力 σ_x、σ_y、x、yおよび応力によるひずみ $\varepsilon_{\sigma x}$、$\varepsilon_{\sigma y}$ もx、yと t の関数である。

ここで、次のように仮定する

すると次式を得られる。

$$\sigma_{xr}(x, y)-\sigma_{yr}(x, y)=\frac{2}{3}\left[\frac{E_G-E_R}{\beta_G-\beta_R}n_R(x, y)\right.$$
$$\left.-\frac{E_G\beta_R-E_R\beta_G}{\beta_G-\beta_R}\{\varepsilon_{\sigma_{xr}}(x, y)-\varepsilon_{\sigma_{yr}}(x, y)\}\right] \quad (15.7)$$

上式は、線形光粘弾性体を冷却した場合に発生する残留応力 $\sigma_{xr}(x, y)-\sigma_{yr}(x, y)$ を、物体内部に最終的に生じた残留しま次数 $N_r(x, y)$ および残留ひずみ $\varepsilon_{\sigma_{xr}}(x, y)-\varepsilon_{\sigma_{yr}}(x, y)$ の分布から求める光学的簡易測定法の基礎式である。

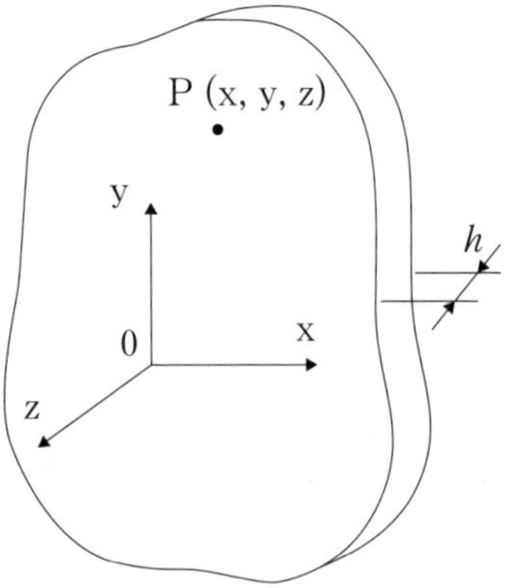

図 15-4　光粘弾性体

(2) はりの急冷に関する問題

a．両面急冷した場合

ここでは一例として、矩形断面を持つ光粘弾性挙動を有するはりを対象として、これを両表面から急冷した場合について考える。

図 15-3 に示す光粘弾性体のはりを考え、深さ方向を x、厚さ方向を y、長手方向を z とする直角座標系を設ける。このはり全体を高温保持温度 T_h に保ち、時刻 $t=0$ において上下両面が冷却温度 T_c になると仮定し、かつ温度伝導率 ξ が温度によって変化せず一定とすれば、はりの深さを d として、はり内部の温度分布 $T(x, t)$ は一次元非定常熱伝導の微分方程式から求められ次式となる。

$$\mathrm{T}(x, t)=(T_h-T_c)\sum_{n=1}^{\infty}\frac{4}{(2n-1)}\,e^{\frac{(2n-1)^2\pi^2\xi t}{d^2}}\cdot\sin\frac{(2n-1)x}{d}+T_c \quad \cdots\cdots (15.8)$$

$T(x, t)$ によって生じる熱応力 $\sigma(x, t)$、応力によるひずみ $\varepsilon\sigma(x, t)$ は長手方向にのみ生じ、x, t の関数でかつ中立軸に対称になる。また、時々刻々変化する $\sigma(x, t)$、$\varepsilon_\sigma(x, t)$ およびしま次数 $\mathrm{N}(x, t)$ 光粘弾性体に時間―温度換算則が成立すれば次式で求められる。

$$\sigma(x, t)=\int_0^t E_r(t'-\tau', T_0)\frac{d}{d\tau}\left\{\varepsilon(\tau)-\int_{T_h}^{T(x,t)}\alpha(T)\,dT\right\}d\tau \quad \cdots\cdots (15.9)$$

$$\varepsilon_\sigma(x, t)=\varepsilon(t)-\int_{T_h}^{T(x,t)}\alpha(T)\,dT \quad \cdots\cdots (15.10)$$

$$N(x, t)=\frac{2}{3}h\int_0^t C_{\varepsilon_r}(t'-\tau', T_0)\frac{d}{d\tau}\left\{\varepsilon(\tau)-\int_{T_h}^{T(x,t)}\alpha(T)\,dT\right\}d\tau \quad \cdots\cdots (15.11)$$

ここで、$E_r(t', T_0)$ は基準温度 T_0 における緩和弾性係数、$C_{\varepsilon_r}(t', T_0)$ は基準温度 T_0 における緩和しま次数―ひずみ係数、$\alpha(T)$ は温度 T における線膨張係数、t'、τ' は換算時間、$\varepsilon(T)$ ははり全体の長手方向の伸縮によるひずみ、h ははりの厚さである。t' は時間―温度移動因子 $a_{T_0}(T)$ から次式で求められる。

$$t' = \int_0^t \frac{\mathrm{du}}{\alpha_{\mathrm{T_0}}\{T(\mathrm{x}, \mathrm{u})\}} \cdots\cdots (15.12)$$

$\varepsilon(\mathrm{T})$ は次式の微分積分方程式から得られる。

$$\int_t^d \int_0^t E_{\mathrm{r}}(t'-\tau', T_0) \frac{\mathrm{d}}{\mathrm{d}\tau}\left\{\varepsilon(\tau) - \int_{T_h}^{T(\mathrm{x}, t)} \alpha(T)\,\mathrm{d}T\right\} \mathrm{d}\tau \cdot \mathrm{dx} = 0 \cdots\cdots (15.13)$$

そして、$\sigma(\mathrm{x}, t)$、$\varepsilon_\sigma(\mathrm{x}, t)$ および $N(\mathrm{x}, t)$ は急冷後時間が十分経過し、はり全体が冷却温度 T_{c} になった状態においてもなお残留する場合に、これらは残留応力 $\sigma_{\mathrm{r}}(\mathrm{x})$、残留ひずみ $\varepsilon_{\mathrm{r}}(\mathrm{x})$ および残留しま次数 $n_{\mathrm{r}}(\mathrm{x})$ となる。なお、残留ひずみは温度が x 方向に分布しないことから式（15.10）より一定値 ε_{r} になることが容易にわかる。

b．片面あるいは両面急冷した場合

先ほどと同様の**図 15-3** に示すはりを、高温保持温度 T_{h} に保ち、時刻 $T=0$ において片面あるいは両面から冷却し冷却温度 T_{c} になった場合を考える。はりは冷却過程で温度分布 $T(\mathrm{x}, t)$ は不均一となり、長手方向の熱応力 $\sigma(\mathrm{x}, t)$ と長手方向のひずみ $\varepsilon_\sigma(\mathrm{x}, t)$ が生じる。この $\varepsilon_\sigma(\mathrm{x}, t)$ ははりの変形を表現する x=0 における長手方向の伸縮 $\varepsilon(t)$、はりの反り変形を表現する曲率 κ_{r} および線膨張係数 $\alpha(T)$ により次式で表される。

$$\varepsilon_{\mathrm{r}} = \frac{2}{3} \cdot \frac{E_{\mathrm{G}} - E_{\mathrm{R}}}{E_{\mathrm{G}}\beta_{\mathrm{R}} - E_{\mathrm{R}}\beta_{\mathrm{G}}} \cdot \frac{\int_{-\frac{d}{2}}^{\frac{d}{2}} n_{\mathrm{r}}(\mathrm{x})\,\mathrm{dx}}{d} + \int_{T_h}^{T_c} \alpha(T)\,\mathrm{d}T \cdots\cdots (15.14)$$

$$\kappa_{\mathrm{r}} = \frac{2}{3} \cdot \frac{E_{\mathrm{G}} - E_{\mathrm{R}}}{E_{\mathrm{G}}\beta_{\mathrm{R}} - E_{\mathrm{R}}\beta_{\mathrm{G}}} \cdot \frac{\int_{-\frac{d}{2}}^{\frac{d}{2}} n_{\mathrm{r}}(\mathrm{x})\,\mathrm{dx}}{d^3/12} \cdots\cdots (15.15)$$

$$\varepsilon_{\sigma\mathrm{r}} = \frac{2}{3} \cdot \frac{E_{\mathrm{G}} - E_{\mathrm{R}}}{E_{\mathrm{G}}\beta_{\mathrm{R}} - E_{\mathrm{R}}\beta_{\mathrm{G}}} \cdot \frac{\int_{-\frac{d}{2}}^{\frac{d}{2}} n_{\mathrm{r}}(\mathrm{x})\,\mathrm{dx}}{d} \cdots\cdots (15.16)$$

$$\sigma_r(x)=\frac{2}{3}\cdot\frac{E_G-E_R}{E_G\beta_R-E_R\beta_G}\left\{n_r(x)-\frac{\int_{-\frac{d}{2}}^{\frac{d}{2}}n_r(x)\,dx}{d}-\frac{\int_{-\frac{d}{2}}^{\frac{d}{2}}n_r(x)\,dx}{d^3/12}\cdot x\right\} \quad (15.17)$$

以上、式（15.15）～（15.17）に示すように光粘弾性体の力学的、光学的特性係数である E_G、E_R、β_G、β_R が既知ならば、残留しま次数分布 $n_r(x)$ を測定することにより通常の光弾性実験と同等の容易さで、残留応力分布 $\sigma_r(x)$、ならびに変形を表現する残留曲率 κ_r と残留ひずみ ε_{σ_r} を求めることができる。

ここで、残留応力分布および変形を表すこれらの基礎式は、急冷過程において温度がはりの幅方向にのみ分布し、かつ急冷完了時点では拘束を受けないとして誘導している。すなわち、急冷過程においては拘束に関する制限はないことから、この過程においてははりを無拘束の状態で保持した場合はもちろん、はりを拘束した場合ならびに長手方向の伸縮を拘束した場合においても、急冷完了時点でこれらの拘束を解除すれば、基礎式は用いることができるものである。

以上のように基礎式を誘導したが、誘導過程で $F_C(t', T_0)=F_C(t', T_0)$ という仮定をおいた。実際の樹脂では $F_E(t', T_0)$ と $F_C(t', T_0)$ は多少異なるので厳密には式（15.15）～（15.17）は成立しない。このため両者の違いによって $\sigma_r(x)$、$\kappa_r(x)$ および ε_{σ_r} にどの程度の誤差を生じるかをこの後検討する。

15.4　光学的簡易測定法の実験的検証

両面急冷された熱硬化性樹脂製はりの残留応力および残留ひずみの実験的評価法として、光学的簡易測定法を前節で説明した。

本節では、種々の熱硬化性樹脂製はりを実際に両面急冷し、急冷後観察されるしま次数を前節の式（15.5）、（15.6）に示す基礎式に代入して残留応力と残留ひずみを求める。次いで、これを逐次除去法等の従来の機械的測定法で求めた測定値と比較することによって、基礎式を用いた光学的簡易測定法の妥当性を実験的に検証する。併せて、光学的測定法の実用上の問題点についても言及する。

⑴　はりによる両面急冷実験

実験に用いた材料はいずれも熱硬化性樹脂で、ガラス転移温度の異なるエポキシ樹脂とポリウレタン樹脂3種類とし、その機械的および光学的性質を**表 15-1** に示す。

この試験片を恒温槽内で高温保持温度 T_h の 180℃に十分保った後、冷却温度 T_c の 10℃の流水中に入れ、試験片内部の温度差が 2℃以内になることを確認した。

表 15-1　樹脂の機械的、光学的特性

材料	T_g	$\alpha\times10^{-5}\ K^{-1}$		E_G	E_R	$\frac{E_G}{E_R}$	β_G※	β_R
	℃	$T\leqq T_g$	$T_g<T$	GPa	GPa			
ポリウレタン A	108	6.71	18.1	0.027	0.027	122	200	75
ポリウレタン B	83	7.41	20.0	3.20	0.026	123	180	64
ポリウレタン C	56	8.97	21.0	2.93	0.017	172	162	51
エポキシ	125	6.90	140	3.80	0.045	84	100	35

※ λ=632.8nm

⑵　光学的測定法

まず急冷した4種類の樹脂製試験片に生じる残留しま次数 N_r (x) を測定した。しま次数の測定には二次元光粘弾性装置を用いて、水銀燈にグリーンフィルタを取り付けて得られる光波長 546.1nm の単色光と白色燈の白色光により試験片側面のしまを観察し、側面中央部の深さ方向

の N_r (x) を求めた。まず単色光の観察によりしまパターンを、次いで白色光の観察により 0 次のしまの位置を読み取った。

ポリウレタン樹脂B、Cでは 0 次のしまは観察されないが、この場合は試験片に 4 点曲げによる単純曲げ状態を実現し、0 次のしまを出現させて曲げの影響を受けない中立軸におけるしま次数の絶対値を読み取った。このようにして得た N_r (x) を**図 15-5** に示す。この図から、いずれの樹脂も N_r (x) は、試験片の表面より内部に移るにしたがって増加している。また同時に、明らかにこの分布状態は正負の釣り合いのとれていない光粘弾性特有の現象を示していることがわかる。

光波長 632.8nm の単色光に換算した N_r (x) およびその平均値 N、試験片厚さ h、**表 15-1** の E_G、β_G、β_R を式（15.5)、(15.6）に代入すると 4 種類の樹脂の残留応力分布 σ_r (x) および残留ひずみ ε_r が求まる。

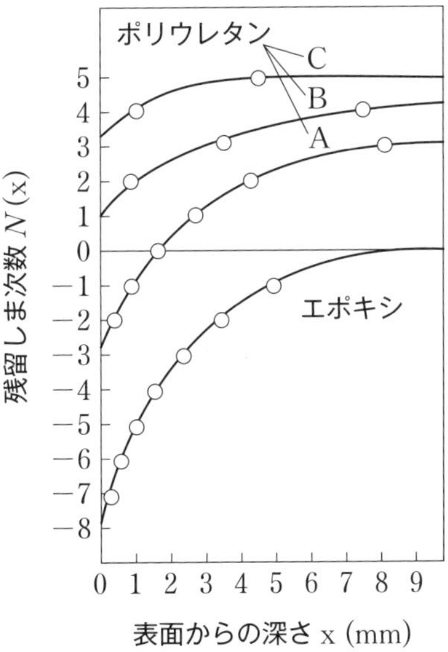

図 15-5　残留しま次数

(3) 機械的測定法

急冷を施した4種類の樹脂製試験片について、機械的測定法で残留応力分布 σ_r (x) および残留ひずみ ε_r を測定した。

σ_r は**図 15-6** に示す逐次除去法により求めた。ひずみゲージを試験片の上表面2ヶ所 (L、R) に貼り、下表面を冷却しながら研磨紙により層状に精度良く薄く逐次除去し、深さ x まで除去した時の上表面のひずみの変化 ε_s (x) について温度補償を考慮しながらひずみゲージで測定した。この ε_s (x) を次式に代入して σ_r (x) を求めた。

$$\sigma_r(\mathrm{x}) = -\frac{E_G}{2}\left\{(d-\mathrm{x})\frac{d\varepsilon_s(\mathrm{x})}{d\mathrm{x}} - 4\varepsilon_s(\mathrm{x}) - 6(d-\mathrm{x})\int_0^x \frac{\varepsilon_s(\varphi)}{(d-\mathrm{x})^2}d\varphi\right\} \quad \cdots\cdots (15.18)$$

ε_r は試験片の急冷前後の寸法測定から求めた。つまり急冷前に試験片の中立軸に5mm 間隔に標点を記し、急冷前後に常温においてこの標点の中心からの座標 z を投影機で読み取り、急冷前後の常温における寸法差 Δz を求め、これより $\varepsilon_r = \frac{\Delta z}{z}$ を求めた。

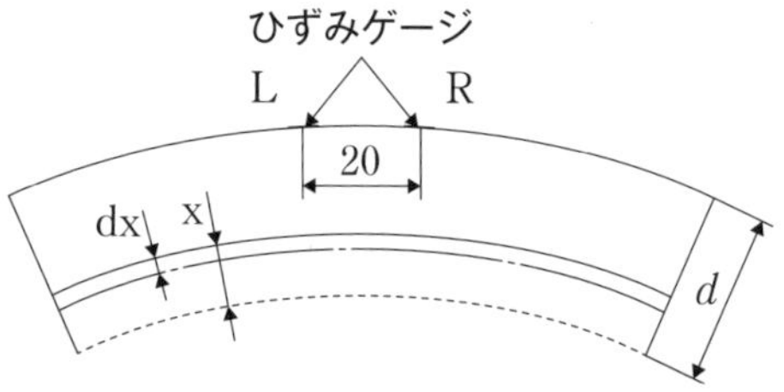

x：除去した深さ　dx：1度に除去する深さ

図 15-6　残留ひずみの測定法（逐次除去法）

(4) 残留応力、残留ひずみの計算値と実験値の比較

光学的測定法と機械的測定法の2種類の方法で求めた残留応力分布 σ_r (x) および残留ひずみ ε_r を比較した。

図 15-7 は、4種類の樹脂について両者の手法による σ_r (x) の結果を

示したもので、この図から両者は極めてよく一致することがわかる。

図 15-8 は、4 種類の樹脂における残留ひずみ ε_r を光学的測定法と機械的測定法について比較したものである。この図の 45° の直線は両方の手法による ε_r が一致する場合を示すが、この図から 4 種類の樹脂ともプロットがこの直線上にほぼ乗っていることから、両方の手法による ε_r は極めてよく一致していることを示している。

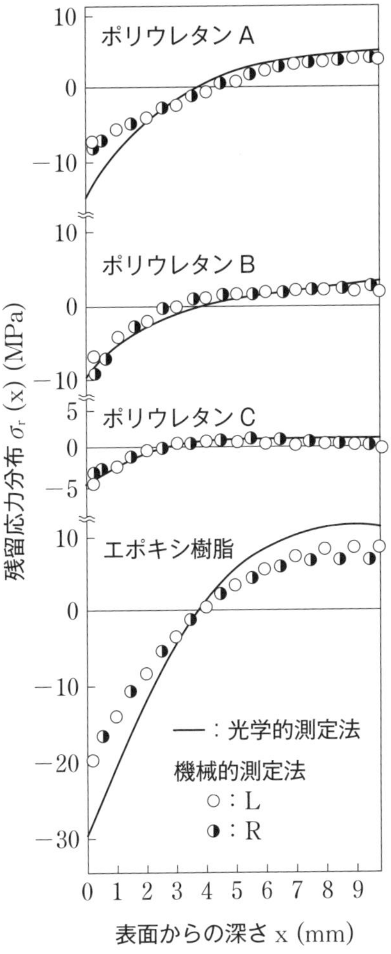

図 15-7　残留応力分布の測定法による比較

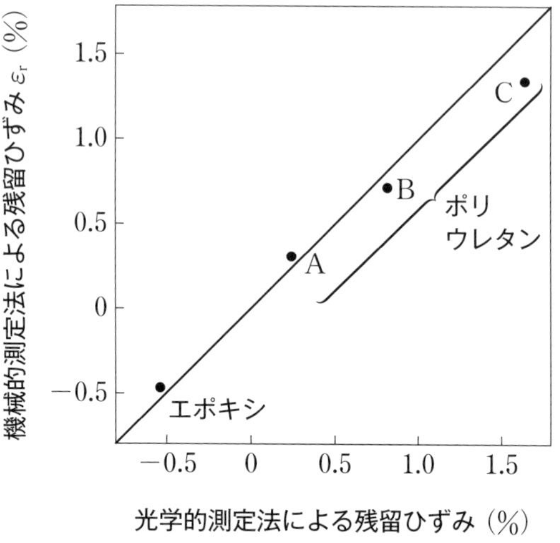

図 15-8　機械的測定法と工学的測定法の比較

以上のように、ガラス転移温度 T_g が大きく異なる 4 種類の樹脂においても急冷時の残留応力分布 $\sigma_r(x)$、および残留ひずみ ε_r の光学的測定法は、従来の機械的測定法とよく一致したことがわかる。また、この光学的測定法はしま次数の絶対値を求める上で多少の工夫は必要であるが、このことを除けば通常の二次元光弾性解析と全く同じであり、従来の逐次除去法等の機械的測定法に比べて非常に簡便である。すなわち、前記で提唱した基礎式を用いた光学的簡易測定法は両面急冷された樹脂製はりの残留応力や残留ひずみの実験的評価法として極めて有効であることがわかった。

15.5　光学的簡易測定法の理論的検討

両面急冷した場合の残留応力等の直接解

前記 15.3 の理論計算は、粘弾性挙動を示しかつ時間—温度換算則が成立し、光粘弾性特性が異なる**表 15-2** に示す 4 種類のポリウレタン樹脂について行った。すなわち、**図 15-3** に示す試験片を高温保持温度 T_h＝180℃から冷却温度 T_c＝10℃に急冷した場合の残留応力、残留ひずみおよび残留しま次数を前述の線形粘弾性理論および線形光粘弾性理論に基づいて計算した。

表 15-2　機械的特性

材料	T_g	$\alpha \times 10^{-5}\ \mathrm{K}^{-1}$		E_G	β_G※	β_R
	℃	$T \leqq T_g$	$T_g < T$	GPa		
A	108	6.71	18.1	3.30	200	75
B	83	7.41	20.0	3.20	180	64
C	56	8.97	21.0	2.93	162	51
D	82.5	6.90	14.0	3.08	221	48

※ λ＝632.8nm

試験片内部の温度分布 $T(x, t)$ は**表 15-2** に示す物性値を用いて式（15.8）で求めた。次いで、**図 15-9** に示す $E_r(t', T_0)$ のマスター曲線をプロニ級数で近似した値、ならびに**図 15-10** に示す $a_{T_0}(T)$ を活性化エネルギーの異なる二つのアレニウス式で近似した値を用いて式（15.13）から $\varepsilon_\sigma(t)$ を求めた。さらに、**図 15-11** に示す $C_{\varepsilon_r}(t', T_0)$ のマスター曲線をプロニ級数で近似した値を求めた。

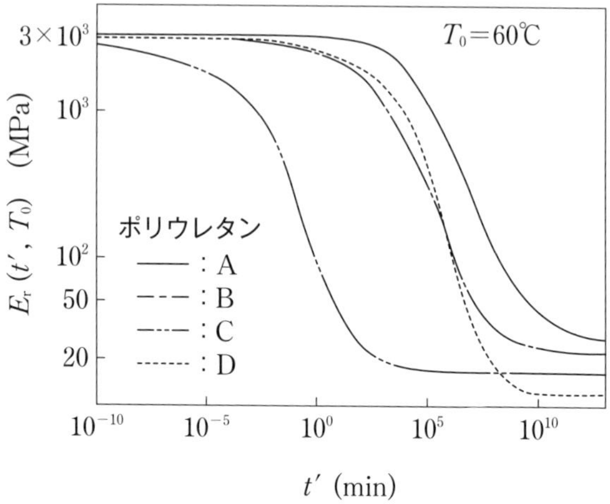

図 15-9　緩和弾性係数のマスター曲線

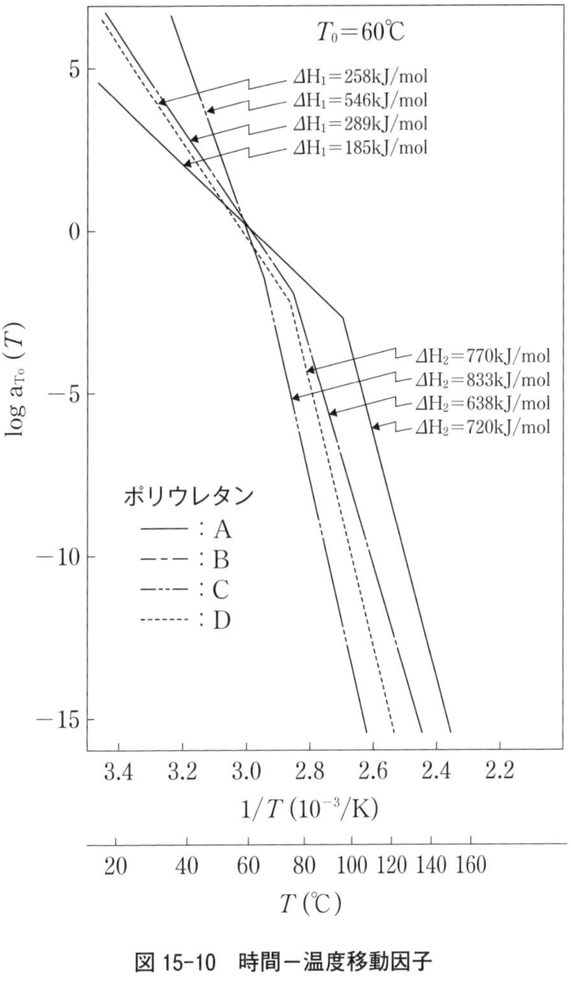

図 15-10　時間－温度移動因子

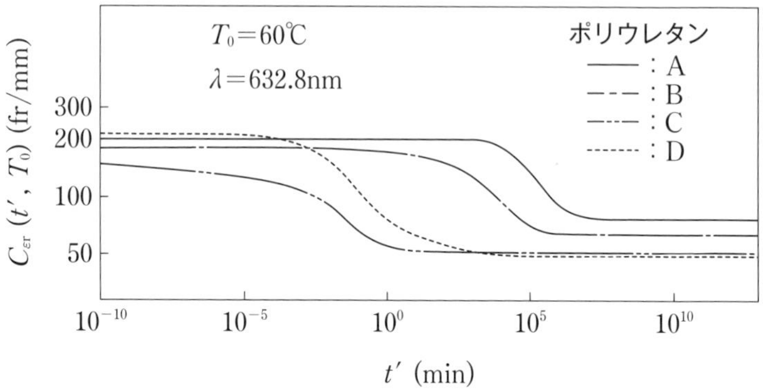

図 15-11　基準温度における緩和弾性係数のマスター曲線 C_{ε_r} (t', T_0)

これらの値を用いて、式（15.9）、（15.10）、（15.11）から σ (x, t)、ε_σ (x, t) および N (x, t) を計算した。そして、これらの値は残留応力分布 σ_r (x)、残留ひずみ ε_r および残留しま次数分布 N_r (x) となる。この残留応力、残留ひずみは**図 15-12** に示すシミュレーションによる直接解となり、残留しま次数は簡便解を求めるために使用される。

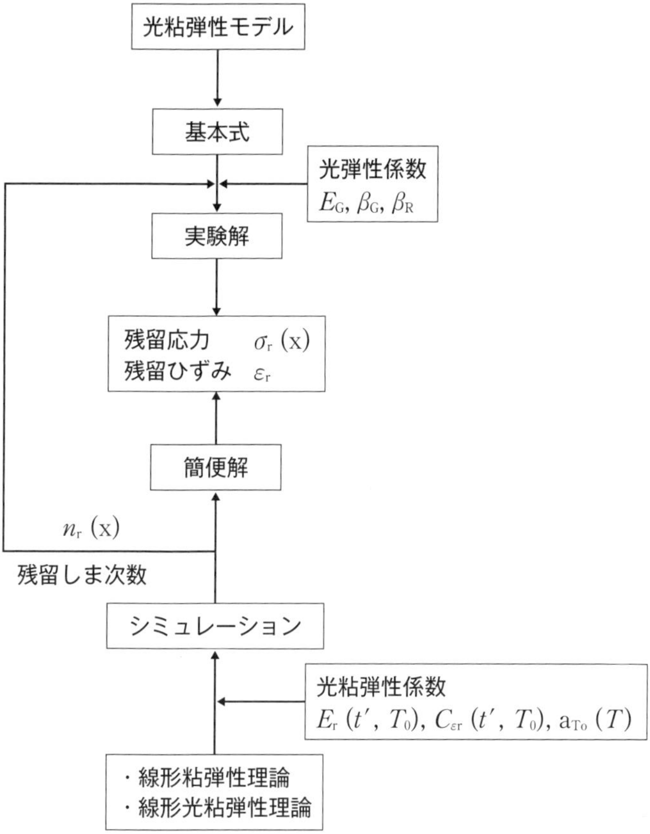

図 15-12　理論と実験の手順

⑵　両面急冷した場合のシミュレーションで得た残留しま次数から求まる残留応力、残留ひずみの簡便解

試験片から誘導した残留応力の基礎式（15.5）に**表 15-2** の E_G、β_G、β_R ならびに前節で求めた**図 15-13** に示す残留しま次数の計算値を代入して残留応力の簡便解を求めた。

一方、残留ひずみの基礎式（15.6）に**表 15-2** の β_R ならびに前節で求めた残留しま次数の平均値 N_r を代入して残留ひずみの簡便解を求めた。

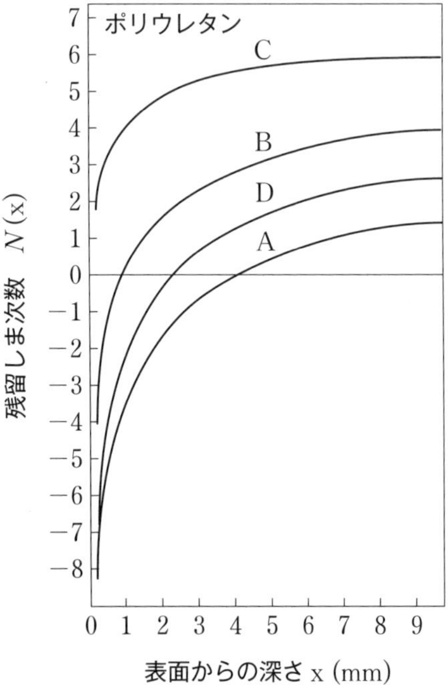

図 15-13　残留しま次数の計算値

(3)　両面急冷した場合の残留応力および残留ひずみの直接解と簡便解の比較

4 種類のポリウレタン樹脂について、残留応力の簡便解を直接解と比較して**図 15-14** に示す。残留応力はいずれの樹脂においても上下表面近傍では圧縮、内部では引張りになる。また、**図 15-14** から、樹脂 A、B、C、D のいずれにおいても簡便解は直接解と非常によく一致しており、両者の差異は 1～3MPa 程度と小さい。

一方、残留ひずみの簡便解を直接解と比較して**図 15-15** に示す。ここで、45° の補助線は両者が一致していることを示すが、この図からわかるように、樹脂 A、B、C、D ともほぼ線上に位置しており簡便解は直接解とよく一致している。

以上のように、光粘弾性特性の大きく異なる4種類のポリウレタン樹脂における残留応力および残留ひずみの簡便解は、それらの直接解と非常によく一致していることから、基礎式の妥当性が検証できた。

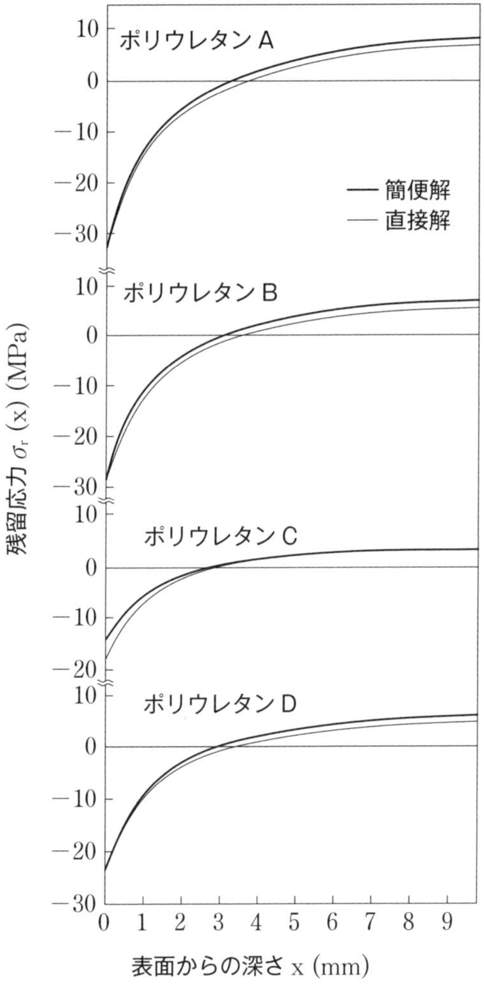

図 15-14　残留応力における実験解と簡便解の比較

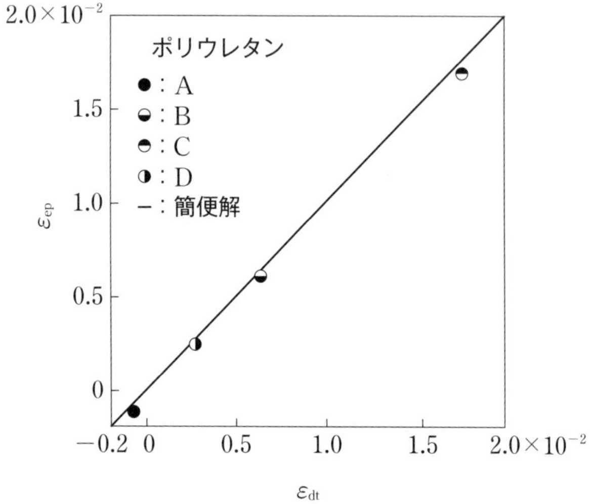

図 15-15　残留ひずみにおける実験解と簡便解の比較

片面あるいは両面急冷した場合の基礎式の妥当性検証

先の 15.3 節の 2(2)項の理論に基づいて、**図 15-12** の手順に従って検討した。つまり、急冷による残留応力と変形を光学的簡易測定法によって求めた場合、どの程度の誤差が生じるかについてシミュレーションにより理論的に検討した。すなわち、試験片寸法や温度および拘束など急冷条件、ならびに光粘弾性特性係数等の材料特性を用いて線形粘弾性理論および線形光粘弾性理論に基づくシミュレーションにより光粘弾性帯板を急冷した際の残留応力分布、変形を表す残留曲率、残留ひずみおよび残留しま次数分布を求めた。これらを**直接解**と呼ぶ。

一方、この残留しま次数分布と特性係数 E_G、E_R、β_G、β_R を光学的簡易測定法の基礎式に代入することで残留応力分布、残留曲率および残留ひずみを求められ、これらを**簡便解**と呼ぶ。

そして、これらの簡便解と上述の直接解との誤差を評価することで無次元粘弾性特性係数 $F_E\,(t', T_0)$ と無次元光粘弾性特性係数 $F_C\,(t', T_0)$ の違いが、これらの誤差に及ぼす影響を考察した。

直接解の計算方法

はりの形状は**図 15-3** 示すものとし、幅を 15mm とした。急冷時の拘束条件は長手方向の伸縮や反りの拘束がないものとし、温度条件は片側面 ($x=-d/2$) が瞬間的に冷却温度 T_c まで冷却される片面急冷とした。

つぎに温度条件を定める。例えば、樹脂のガラス転移温度 T_g (125℃) を考慮して、高温保持温度 T_h を 175℃ に、冷却温度 T_c を 25℃ のようにおく。この仮定した温度をもとに境界条件を考慮することで、はり内部の温度 $T(x, t)$ を微分方程式によりもとめることができる。

時々刻々変化する $x=0$ における伸縮 $\varepsilon(t)$、曲率 $\kappa(t)$ は力の釣り合いとモーメントの釣り合いの 2 つの微分積分方程式から算出できる。

ここで求めた $\varepsilon(t)$ と $\kappa(t)$ を式 (15.15) に代入すれば熱応力分布 $\sigma(x, t)$ が、式 (15.16) に代入すればしま次数分布 $n(x, t)$ が求まる。そして、はり全体が冷却温度 T_c になってもなお残留する場合には、これらはそれぞれ残留応力分布 σ_D、残留しま次数分布 n_D の直接解となる。

光学的簡易測定法の有効範囲

基礎式の妥当性をエポキシ樹脂の特性値を用いて検討した。エポキシ樹脂の力学的、熱的および光学的特性を**表 15-3**、**図 15-16** および**図 15-17** に示す。ここでひずみ感度とは、資料に負荷された応力によってひずみが生じ、その大小がしまとなって現れやすいかどうかの性質である。**図 15-16** から、エポキシ樹脂の無次元粘弾性特性係数 $F_E(t', T_0)$ と無次元光粘弾性特性係数 $F_C(t', T_0)$ の形は異なり、$F_C(t', T_0)$ は $F_E(t', T_0)$ より右にずれるとともに傾きが大きく異なる。**図 15-21** に示す時間―温度移動因子 $a_{T_0}(T)$ は活性化エネルギーの異なる 2 本のアレニウス式で近似できる。

表 15-3　エポキシ樹脂の機械的特性と光学的特性

物性	実験値	温度条件
緩和弾性係数（ガラス状）　E_G	3.16 GPa	26℃
緩和弾性係数（ゴム状）　E_R	0.036GPa	180℃
ひずみ感度（ガラス状）　β_G	100fr/mm	26℃
ひずみ感度（ゴム状）　β_R	35fr/mm	180℃
熱膨張係数　α	69×10^{-6}	25～125℃
	140×10^{-6}	125～180℃
ガラス転移点	125℃	―
温度拡散率	0.128mm^2/s	―

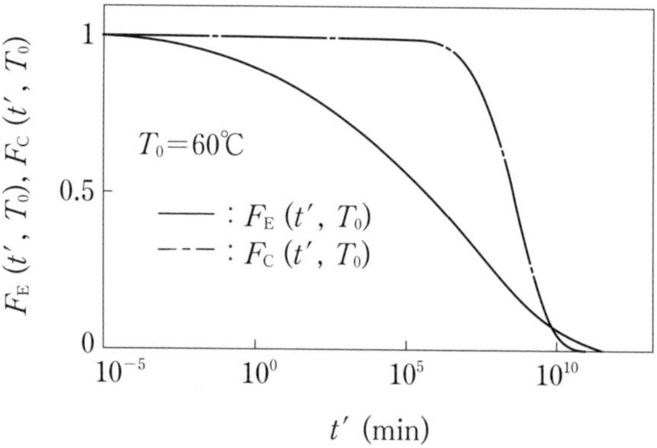

図 15-16　エポキシ樹脂における $F_E(t', T_0)$ と $F_C(t', T_0)$

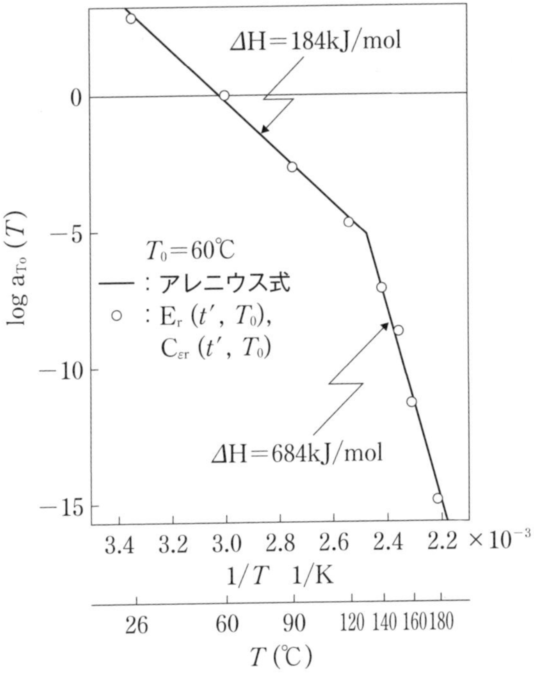

図 15-17　エポキシ樹脂における時間－温度移動因子

さて、問題は $F_E(t', T_0)$ と $F_C(t', T_0)$ の違いが簡便解と直接解にどの程度の差を生じるかであることから、両者の違いを定量的に把握するため、これらを実際のエポキシ樹脂の値に代えて次式で表せるものとした。

$$F_E(t', T_0) = e^{-\frac{t'}{t_0}} \qquad (15.19)$$

$$F_C(t', T_0) = e^{-a\left(\frac{t'}{t_0}\right)^b} \qquad (15.20)$$

ここで、基準温度 T_0 を60℃とし、任意の緩和時間である t_0 は 10^8 minとした。またa、bは任意定数であり、a=b=1の際には $F_E(t', T_0) = F_C(t', T_0)$ となる。

したがって、問題は任意定数a、bを変化させた場合に簡便解 σ_E、

κ_{E}、ε_{E} と直接解 σ_{D}、κ_{D}、ε_{D} との誤差がどの程度生じるかを検討することになる。そこで、a、b を**図 15-18** のように変化させ、$F_{\mathrm{E}}(t', T_0)$ に対して $F_{\mathrm{C}}(t', T_0)$ を対数時間軸に沿って平行移動させるか、または傾きを変えた。

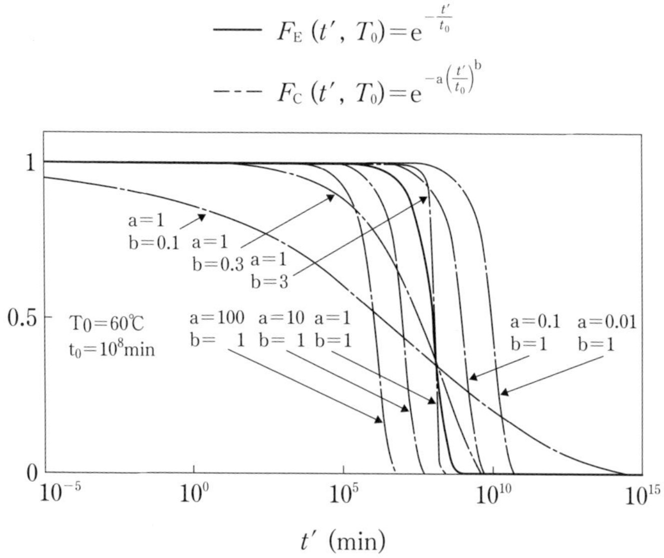

図 15-18　$F_{\mathrm{E}}(t', T_0)$ と $F_{\mathrm{C}}(t', T_0)$ のマスター曲線

$F_{\mathrm{E}}(t', T_0)$ と $F_{\mathrm{C}}(t', T_0)$ を用い、前記(1)の方法により直接解を求めた。残留応力分布、残留しま次数分布の直接解を**図 15-19～15-22** に示す。**図 15-12** の手順に従い、直接解である残留しま次数分布 n_{D} と特性係数 E_{G}、E_{R}、β_{G}、β_{R} を光学的簡易測定法の基礎式に代入して、簡便解 σ_{E}、κ_{E}、ε_{E} を求めた。残留応力分布 σ_{E} を**図 15-21、15-22** に直接解 σ_{D} とともに示す。

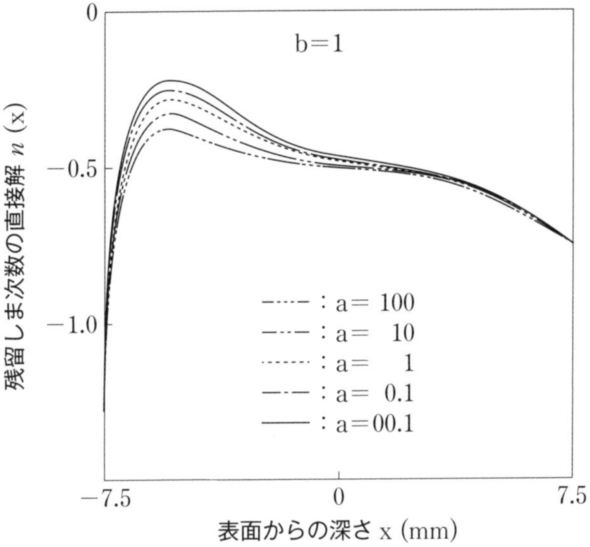

図 15-19　a の値と残留しま次数の直接解の関係

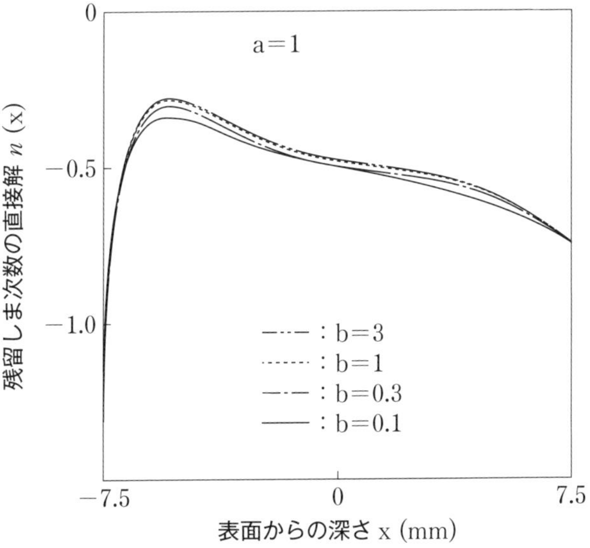

図 15-20　b の値と残留しま次数の直接解の関係

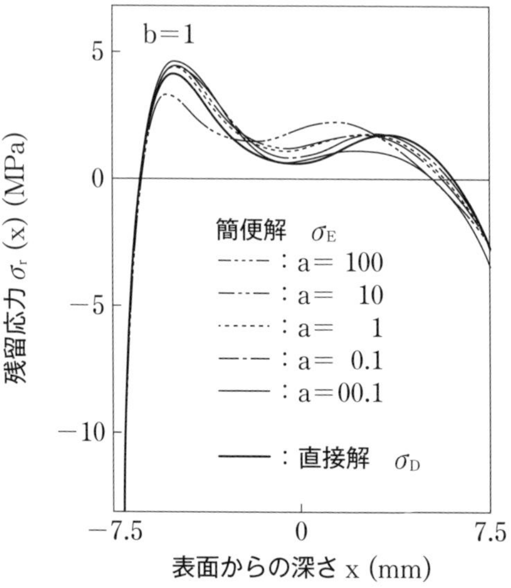

図 15-21　a の値と残留応力の関係

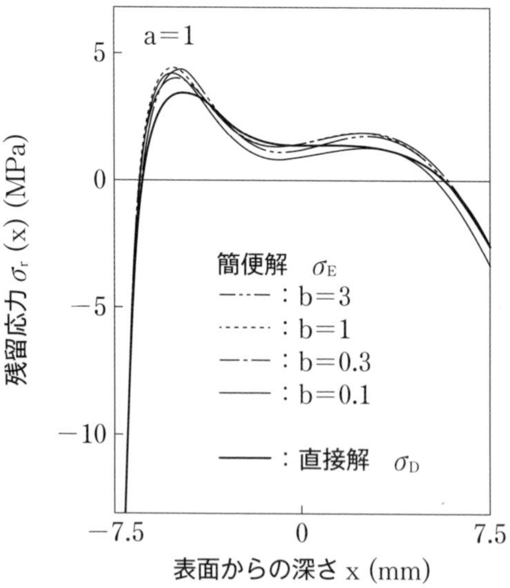

図 15-22　b の値と残留応力の関係

σ、κ、ε に関する直接解と簡便解の相対誤差 δ_σ、δ_κ、δ_ε を次式で定義した。

$$\delta_\sigma = \frac{|\sigma_E - \sigma_D|}{\sigma_{Dmax} - \sigma_{Dmin}} \quad \cdots\cdots (15.21)$$

$$\delta_\kappa = \frac{\kappa_E - \kappa_D}{\kappa_D} \quad \cdots\cdots (15.22)$$

$$\delta_\varepsilon = \frac{\varepsilon_E - \varepsilon_D}{\varepsilon_D} \quad \cdots\cdots (15.23)$$

図 15-23 に相対誤差 δ_σ、δ_κ、δ_ε に及ぼす任意定数 a と b の影響を示す。この図で a=b=1 の場合には $F_E(t', T_0)=F_C(t', T_0)$ となり本来誤差は生じないはずであるがわずかにずれがある。これはシミュレーションによる数値計算上の誤差と思われる。b=1 で a が 1 より外れる場合は、δ_r と ε_{σ_r} のそれぞれの誤差 δ_σ、δ_ε はそれほど大きくなく、a=0.01～100 の範囲で 10%以内であるが、κ の誤差 δ_κ は著しく大きくなる。一方、a=1 で b が 1 より外れて b=0.1 となると σ_r が急激に大きくなるが、この点を除いて b=0.1～3 の範囲ではすべての誤差が 10%以内に入っており、以上のことから、光学的簡易測定法は実用上有効といえる。

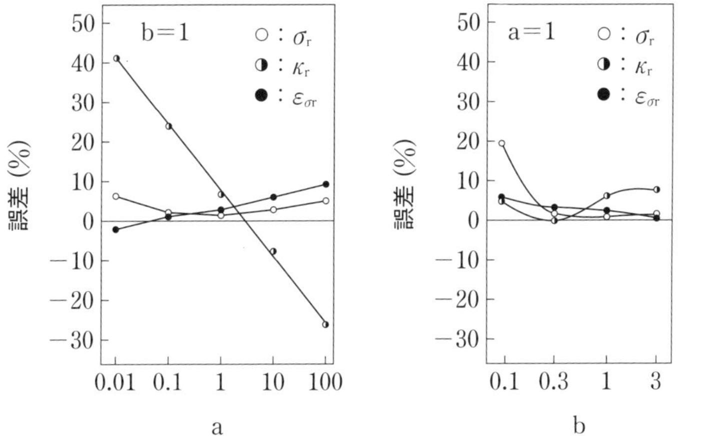

図 15-23　a, b の値と相対誤差の関係

エポキシ樹脂による光学的簡易測定法の評価

$F_E(t', T_0)$ と $F_C(t', T_0)$ を式（15.19）と（15.20）に代えて、**図 15-18** に示した実際のエポキシ樹脂の $F_E(t', T_0)$ と $F_C(t', T_0)$ を用いて、**図 15-12** の手順に沿って簡便解と直接解を求め、それらの誤差を評価していく。

求めた残留しま次数分布 n_D と残留応力分布 σ_E、σ_D を**図 15-24** に示す。κ_r と $\varepsilon_{\sigma r}$ 簡便解、および式により求めたこれらの相対誤差を**表 15-4** に示す。

表 15-4　誤差一覧

物性	直接解	簡便解	誤差　%
残留応力 σ_r (x) MPa	−	−	4.2
残留曲率 κ_r 1/mm	-3.47×10^{-4}	-5.23×10^{-4}	51
残留ひずみ $\varepsilon_{\sigma r}$　%	−0.873	−0.831	−4.8

図 15-16 に示したようにエポキシ樹脂の $F_C(t', T_0)$ は $F_E(t', T_0)$ に比べて右にずれ、かつ傾きも大きくなっている。これは**図 15-18** において式（15−63）の任意定数 a、b がそれぞれ a は 1 より小さく、b は 1 より大きくなった場合に対応する。**図 15-27** より、$a<1$、$b>1$ の領域では残留曲率 κ_r の誤差 δ_κ が著しく大きくなるが、このことは**表 15-4** に示す実際のエポキシ樹脂の κ_r の誤差が大きくなることを裏付けている。また、**図 15-24** のこの領域では残留応力分布 σ_r (x) と残留ひずみ ε_{σ_r} の誤差は小さく、**表 15-4** に示す実際の樹脂の σ_r (x) と ε_{σ_r} の誤差も小さくなっている。これらの結果は、前述(2)の結果と傾向的に一致している。

以上のように、κ_r の誤差 δ_κ が、σ_r (x) や ε_{σ_r} のそれぞれの誤差 δ_σ、δ_ε と比べて大きい理由は、κ_r が σ_r (x) や ε_{σ_r} に比べて粘弾性挙動のわずかな変化に対応して大きく変動することが要因の一つと推定される。

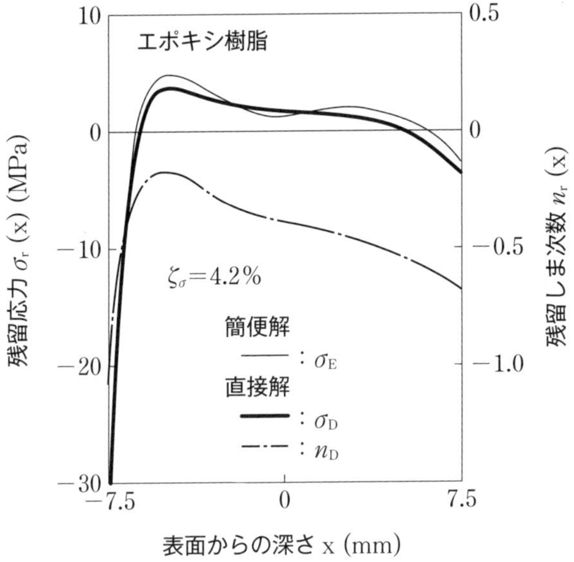

図 15-24　エポキシ樹脂における残留応力と残留しま次数

参考文献

本書に関する参考文献は次のとおりである。

【Ⅰ】弾性論や粘弾性論に関するもの

1．Timoshenko, S. and N.Goodier, Theory of Elasticity, 3rd ed., McGrawHill, 1973. 邦訳, 金子潔監訳, 弾性論, コロナ社, 1973.

2．鵜戸口英善『弾性学』共立出版, 1957.

3．前沢成一郎『弾性学』森北出版, 1970.

4．坂田勝『固体力学』朝倉書店, 1970.

5．玉手統『弾性体の変形』コロナ社, 1971.

6．Love, A. E. H., A Treaisc on the Mathematical Theory of Elasticity, 4th ed., Cambrid ge Univ. Press, 1927. Reprinted by Dover Publications, 1963.

7．Green, A. E. and W.Zerna, Theoretical Elasticity, 2 nd ed., Oxford Univ., Press, 1968.

8．最上武雄『二次元弾性論』コロナ社, 1942.

9．England, A. H., Complex Variable Methods in Elasticity. Wiley, 1971.

10. 宮本博『三次元弾性論』裳華房, 1967.

11. 石田誠『き裂の弾性解析と応力拡大係数』培風館, 1976.

12. 岡村弘之『線形破壊力学入門』培風館, 1976.

13. Wiliams, J.G., Stress Analysis of Polymer, Longman, 1973.

14. 国尾武, 宮野靖『光粘弾性実験法』非破壊検査, 19 巻。1970.

15. 中川鶴太郎『レオロジー』岩波書店, 1960.

16. 後藤簾平, 平井西夫, 他『レオロジーとその応用』共立出版, 1962.

17. 岡小天『高分子の粘弾性』岩波講座, 1955.

18. Ferry, J. D., Viscoelastic Properties of Polymer, Wiley, 1960.

【Ⅱ】半導体パッケージや電子デバイスに関するもの

19. G.Murakami, M.Mita, el, Achieving an Optimum Structural Package Design with Thermo-Viscoelastic Analysis, Chip Scale Review, Vol.2 No.5, 1998.

20. 中村省三, 村上元, 他, FCA 方式による半導体デバイスの熱粘弾性解析による反り変形挙動の予測, エレクトロニクス実装学会誌, Vol.2, No.4, 1999

21. 村上元, 中村省三, 他, 熱粘弾性解析による CSP- μ BGA のエラストマ構造の最適化設

計, エレクトロニクス実装学会誌, Vol.2, No.4, 2000
22. 川野辺徹, 村上元,「IC」軽薄短小化を志向する電子部品特集, 電子材料, 1985.
23. 内藤孝洋, 村上元, 他,「薄い弱い」イメージを打破した厚さ 1mm の LSI パッケージ, 日経マイクロデバイス, 1988
24. 村上元, 100mm2 のチップを 300 ミル DIP に入れる LOC, COL 構造のリードフレーム, 日経マイクロデバイス, 1988
25. 村上元, 時代を変える発想―QFP, 日経マイクロデバイス, 1991
26. 村上元, 半導体パッケージ実装技術と今後の動向特集　実装の将来トレンド, エレクトロニクス実装学会誌 創刊号, Vol.1, No.1, 1998

【Ⅲ】一般的な粘弾性関係に関するもの

27. 山本, 川口, 金属―エポキシ樹脂複合物における内部応力の解析, 日東技報, 第 41 巻, 第 11 号, 1966.
28. 土方, 福島, 他, エポキシ樹脂注型品の内部応力, 三菱電機技報, 第 47 巻, 第 10 号, 1973.
29. 山岡, 繫田, 他, エポキシ樹脂の硬化収縮と内部応力, 材料, 第 29 巻, 第 323 号, 1980.
30. 新保, 吉田, 他, 充てんエポキシ樹脂の内部応力, 高分子論文集, 第 40 巻, 第 1 号, 1983.
31. 小賀, 隆, 他, 硬化によりエポキシ樹脂に生じる内部応力, 材料試験技法, 第 28 巻, 第 1 号, 1983.
32. P.So and L.J.Broutmant, Residual Stresses in Polymers and Their Effect on Mechani cal Behavior, Polymer Engineering and Science, Vol.16, No.12, 1976.
33. 宮野, 田村, 他, ポリウレタン樹脂の光粘弾性特性係数の決定とその計算方法, 日本機械学会論文集, 第 34 巻, 第 262 号, 1968.
34. Y.Miyano, T.Tamura and T.Kunio, The Mechanical and Optical Characterization of Polyurethane with Application to Photoviscoelastic Analysis, Bulletin of JSME, Vol.12, No.49, 1969.
35. 宮野, 新保, 國尾, エポキシ樹脂製はりの焼入れによる残留応力発生機構の解明, 日本機械学会論文集, 第 46 巻, 第 407 号, 1980.
36. 宮野, 新保, 國尾, エポキシ樹脂製はりの焼入れによる残留応力発生機構の解明, 日本機械学会論文集, 第 47 巻, 第 419 号, 1981.
37. 杉森, 宮野, 他, エポキシ樹脂有孔帯板両面焼入れ
による熱応力の光粘弾性解析, 日本機械学会論文集, 第 50 巻, 第 458 号, 1983.
38. 宮野, 中村, 他, 熱硬化性樹脂帯板の焼入れによる光学的簡易測定法の提唱と理論的検討, 日本機械学会論文集, 第 51 巻, 第 463 号, 1985.

39. L. W. Morland and E. H. Lee, Stress Analysis for Linear Viscoelastic Materials with Temperature Variation, Transactions of the Society of Rheology, Vol.4, 1960.

40. M.L.Williams, R.F.Landel and J. D. Ferry, The Temperature Dependence of Relaxation Mechanisms in Amorphous Polymers and Other Glass-Forming liquids, Journal of American Chemical Society, Vol.77, 1955.

41. R.Muki and E. Sternberg, On Transient Thermal Stress in Viscoelastic Materials with Temperature Dependent Properties. Journal of Applied Mechanics, Vol.28, 1961.

42. 牟岐, 線形粘弾性理論の最近の進歩, 日本機械学会論文集, 第64巻, 第513号, 1961.

43. E.H.Lee and T.G.Rogers, Solution of Viscoelastic Stress Analysis Problems Using Measured Creep or Relaxation Function, Journal of Applied Mechanics, Vol.30, 1963.

44. E.H.Lee, T.G.Rogers and T.C.Woo, Residual Stress in a Glass Plate Cooled Symmetrically from Both Surface, Journal of the American Ceramic Society, Vol.48, No.9, 1965.

45. T.C.Woo, J.W.Jones and T.C.T.Ting, Transient and Residual Thermal Stress in a Viscoelastic Cylinder, Developments in Mechanics V.6 Proc. 12 th Midwest Mech. Conf. Notre Dame, 1971.

46. R.L.Frutiger and T.C.Woo, A Thermoviscoelastic Analysis for Circular Plates of Thermorheologically Simple Material, Journal of Thermal Stress, Vol.12, No.1, 1971.

47. M.J.Crochet and A.Denayer, Transient and Residual Thermoviscoelastic Stress in Glass, Journal of Applied Mechanics Vol.47, 1980.

48. 中村, 宮野, 他, 熱硬化性樹脂の急冷による残留応力の光粘弾性的考察, 日本機械学会講演論文集, No.824-2, 1982.

49. 宮野, 中村, 他, 両面焼入れされた熱硬化性樹脂はりに生ずる残留応力の光学的簡易測定法の実験的検討, 材料システム, 1巻, 1982.

50. 渋谷, 光弾性法がモールド内の応力測定の有効な手段に, 日経マイクロデバイス, 1986.

51. R.H.Gallagher, 有限要素法の基礎, 丸善, 1977.

52. Y.MIYANO, S.NAKAMURA, el, A Simplified Optical Method for Measuring Residual Stress by Rapid Cooling in Thermosetting Resin Strip, Experimental Mechanics, Vol.26, No.2, 1986.

53. S.NAKAMURA, Y.MIYANO, el, Thermoviscoelastic Analysis of Residual Stresses in a Thermosetting Resin / Metal Laminated Beam Caused by Cooling, JSME International Journal, Series 1, Vol.31, No.1, 1988.

54. 中村, 粘弾性積層体に生ずる残留応力の理論的および実験的解析に関する研究, 博士学位論文, 1988.

55. 中村, 宮野, 他, 三層積層ばりの熱粘弾性解析によるLSIプラスチックパッケージ内残留応力の予測, 日本機械学会論文集 A, 第 56 巻, 第 525 号, A 編, 1990.
56. 中村, 角田, 他, LSIパッケージの低応力化プロセス, 塑性と加工, 第 32 巻, 第 369 号, 1991.
57. 中村, 長谷部, 他, 金属と樹脂からなる二層積層体の反り変形量と残留応力, 高分子論文集, Vol.51, No.12, 1994.
58. 中村, 熱粘弾性解析によるプラスチック複合基板の反り変形挙動, エレクトロニクス実装技術協会, 第 6 回 MES 講演集, 1995.
59. 中村, 芹沢, FCA 実装構造体反り変形挙動と残留応力の熱粘弾性解析, 回路実装学会誌, Vol.12, No.3, 1997.
60. 中村, 河野, 他, 樹脂と金属からなる積層体の粘弾性解析による反り変形挙動の予測, 成形加工, 第 10 巻, 第 11 号, 1998.
61. 中村, 串崎, 他, 半導体デバイスの残留応力に及ぼす材料物性影響因子の熱粘弾性数値解析, エレクトロニクス実装学会誌, Vol.5, No.4, 2002.
62. 中村, 後藤, 他, 電子部品用構成材料の熱残留応力と反り変形挙動に及ぼす熱負荷条件の熱粘弾性解析, エレクトロニクス実装学会誌, Vol.5, No.7, 2002.
63. 中村, 串崎, 他, 熱粘弾性解析による電子部品の熱残留応力と反り変形挙動に及ぼす層構成の最適化, エレクトロニクス実装学会誌, Vol.6, No.1, 2003.
64. 中村, 後藤, 他, プラスチック積層体の熱残留応力と反り変形挙動に及ぼす物性影響因子の熱粘弾性解析, 成形加工, Vol.15, No.4, 2003.
65. 中村, 後藤, 他, 粘弾性解析による新 BOC パッケージの層構造と物性の最適化, エレクトロニクス実装学会誌, Vol.7, No.3, 2004.
66. 中村, 坂田, 他, 電子部品用接着剤の硬化過程における熱粘弾性特性, 成形加工, 第 16 巻, 第 6 号, 2004.
67. 中村, 後藤, 粘弾性積層体の残留応力を求める簡易評価法, 日本機械学会論文集 A 編, 第 71 巻, 第 703 号, 2005.
68. 中村, 専坊, 超薄型半導体デバイス用高分子材料の熱劣化挙動, 成形加工, 第 17 巻, 第 4 号, 2005.
69. 串崎, 中村, 他, ヒートサイクル信頼性評価中での配線間に生ずる熱残留応力の有限要素解析による予測, 成形加工, 第 18 巻, 第 2 号, 2006.
70. 中村, 篠原, 他, エポキシ樹脂と鋼材の粘弾性積層はりの硬化過程における反り変形挙動, 材料, Vol.56, No.10, 2007.
71. 中村, 川端, 他, エポキシ樹脂と鋼材からなる粘弾性積層はりの反り変形挙動を求める簡易評価法, 材料, Vol.57, No.5, 2008.

72. 中村, 川端, 粘弾性材料の組合せからなる積層はりの反り変形挙動を求める簡易評価法, 材料, Vol.57, No.9, 2008.

73. 中村, 川端, 他, 熱粘弾性解析による粘弾性材料同士の組合せからなる積層体の反り変形挙動予測, 材料, Vol.57, No.10, 2008.

74. 中村, 田中, 他, 硬化収縮と熱収縮を伴う粘弾性積層体の反り変形予測の理論および実験検討, 材料, Vol.57, No.11, 2008.

75. 中村, 福井, 他, 熱負荷による粘弾性二層積層体の反り変形挙動の理論的および実験的検討, エレクトロニクス実装学会誌, Vol.11, No.7, 2008.

76. 中村, 田中, 他, 熱劣化したエポキシ樹脂と鋼材からなる積層体の熱負荷による熱粘弾性反り変形解析, 材料, Vol, 58, No.9, 2009.

77. 中村, 田中, 他, 熱硬化性樹脂と鋼材からなる粘弾性積層はりの反り変形過程における硬化収縮ひずみの解析, 日本機械学会論文集（A 編）, Vol.76, No.768, 2010.

78. 中村, 末廣, 他, 熱負荷による粘弾性三層積層体の反り変形挙動に関する実験と理論による検討, エレクトロニクス実装学会誌, Vol.16, No.1, 2013.

79. 中村, 末廣, 他, 粘弾性二層積層体の残留熱反り変形量の簡易評価法, 日本機械学会論文集（A 編）, Web 掲載, 2013.

80. 中村, 宮岡, 他, エポキシ樹脂と各種基板からなる積層体の残留反り変形量に及ぼす冷却条件の影響, エレクトロニクス実装学会誌, Vol.16, No.3, 2013.

81. 中村, 末廣, 他, 熱負荷による粘弾性三層積層体の反り変形挙動に関する実験と理論による検討, 表面実装技術,（韓国）5 月号, 2013.

82. 中村, 宮岡, 他, エポキシ樹脂と各種基板からなる積層体の残留反り変形量に及ぼす冷却条件の影響, 表面実装技術,（韓国）9 月号, 2013.

83. 中村, 勝山, 樹脂を含む四層積層体の熱負荷過程における反り変形予測, 日本機械学会論文集（A 編）, Vol.82, No.837, 2016.

【Ⅳ】光粘弾性に関するもの

84. 杉森, 宮野, 他, エポキシ樹脂はりの焼入れによる熱応力の光粘弾性応力解析, 材料システム, 第 1 巻, 1982.

85. W.T.Read, Stres Analysis for Compressible Viscoelastic Materials, Journal of Applied Physics, Vol.21, 1950.

86. J.W.Dally, W.F.Riley, el, A Photoelastic Approach Trnsient Stress Problem Employing low-modulus Materials, Journal of Applied Mechanics, vol.26.1959.

87. M.L.Williams, On the Stress and Strain Relation with Dynamic Birefringence, GALCIT SM 62-5, Caalifornia Institute of Technology, 1962.

88. 林, 郷津, 他, 線形光粘弾性物質の特性係数の決定法, 日本機械学会論文集, 第 45 巻, 第 263 号, 1979.
89. 堀『粘弾性学』培風館, 1973.
90. 一色『伝熱工学』森北出版, 1976.

索　引

英字

Au 線……15
BGA……12
CSP……12
DIP……12
FCA……13
FEM……16、26、28
LSI……11
Maxwell Model……36
OMPAC……61
PGA……12
QFP……12
SOJ……12
TOP……13
TSOP……12
VESAP……62
Voigt Model……36

あ

アンダーフィル……13
エチレン……18
エポキシ樹脂……23
エラストマ……13
エリアアレイ実装型……12
円偏光……174
応力……27
応力—ひずみ関係式……31
応力緩和関数……45
応力緩和現象……38
押出成型……21

か

界面熱応力……93
界面剥離……85
角周波数……52
重ね合わせの原理……49
荷重条件……29
加振周波数……153
仮想仕事の原理……30
型締め……22
ガラス状領域……24
ガラス転移温度……24
簡易値……161
簡易評価法……161
簡易予測式……140
換算時間……47
干渉縞……175
簡便解……196
緩和係数……50
緩和弾性係数……45
機械的測定法……173
キャビティ……23
吸収極大……57
共晶はんだ……15
強制振動……52
曲率……66
曲率半径……66
クリープ現象……37
クリープコンプライアンス……45
硬化温度……163
光学的測定法……173
硬化反り……136
拘束条件……29
降伏条件……32
高分子材料……18
ゴム状領域……24

さ

最大主応力説……32
最大主ひずみ説……32
最適化設計……16
材料物性値……29
ザックス法……173
残留応力分布……95
残留曲率……67
残留伸縮……67
残留反り変形量……115
残留熱応力……67
時間—温度移動因子……46、138
時間—温度換算則……46
射出……22
射出成形……21
樹脂亀裂……85
樹脂の劣化……152

初期応力……………………………………42
シリカ………………………………………34
伸縮…………………………………………66
垂直応力成分………………………………27
スーパーエンジニアリングプラスチック‥20
正弦波振動…………………………………52
切断法……………………………………173
セミ破壊法………………………………173
せん断応力成分……………………………27
せん断ひずみエネルギー説………………33
線膨張係数…………………………………29
せん断弾性係数……………………………31
損失剛性率………………………………143
損失正接……………………………57、158
損失弾性率………………………………157

た

ダッシュポット…………………………24、36
タブレット…………………………………23
弾性体………………………………………36
弾性ひずみエネルギー説…………………33
弾性率の周波数分散………………………56
ダンパー……………………………………24
断面二次モーメント……………………113
遅延時間……………………………………44
逐次除去法………………………………173
チップ接合部………………………………15
直接解……………………………………196
貯蔵弾性率………………………………143
釣り合い方程式……………………………30
等色線……………………………………175
動的損失……………………………………54
動的弾性率…………………………………53
動的粘弾性…………………………………51
動的粘弾性特性試験……………………153
動的粘度……………………………………53
等傾線……………………………………175
銅リード……………………………………15
トレスカの条件式…………………………33
等方等質体………………………………174

な

ナフサ………………………………………18
ニュートンの法則……………………24、35
熱可塑性樹脂………………………………19
熱硬化性樹脂………………………………19
熱収縮力…………………………………142
熱反り……………………………………136
粘性係数……………………………35、40
粘性体………………………………………36
粘弾性………………………………………24
粘弾性解析ソフト…………………………62
粘弾性力学モデル…………………………41
粘度…………………………………………35

は

ばね…………………………………………24
はんだ………………………………………13
はんだリフロー工程………………………15
半導体………………………………………11
汎用エンジニアリングプラスチック……19
汎用プラスチック…………………………19
皮革状領域…………………………………24
光弾性法…………………………………174
ひずみ………………………………………27
ひずみ—変位関係式………………………30
ひずみ速度…………………………………52
表面実装型…………………………12、84
ピン挿入型…………………………………12
フェノール樹脂……………………………23
フォークトモデル…………………………36
複屈折……………………………………174
複素弾性率…………………………………54
節点…………………………………………29
フック則……………………………………24
プラスチック材料…………………………19
プランジャ…………………………………23
プリプロセッシング………………………29
プリント基板………………………………12
ブロー成型…………………………………21
プロニ級数…………………………………47
変換弾性係数……………………………144
ポアソン比………………………………144
保圧…………………………………………22
補正係数…………………………………142
ポット………………………………………23
ポリイミド…………………………………15
ポリエチレン………………………………19
ポリマー……………………………………18
ボルツマンの基礎方程式…………………50

ま

マクスウェルモデル………………………36
曲げ剛性…………………………………113

曲げモーメント……142
マスター曲線……46
ミーゼスの条件式……33
モノマー……18

や

有限要素法……16、26、28
ユリア樹脂……23
余効関数……50
横弾性係数……31

ら

ランナ……23
リード挿入型……83
離型……22
理論値……161
冷却……22

著者紹介

中村省三(なかむら しょうぞう)

1971 年　広島工業大学　機械工学科　　卒業
1971 年　株式会社　日立製作所　横浜研究所　入社
1989 年　工学博士
2000 年　広島工業大学　知能機械工学科　教授
2018 年　広島工業大学　名誉教授
2019 年　中村技術研究所　設立
著書に
『電子材料・実装技術における熱応力の解析・制御とトラブル対策』(共著、技術情報協会)
『高分子における劣化・破壊現象の写真データ事例集』(共著、技術情報協会)
『樹脂の硬化度・硬化挙動の測定と評価方法』(共著、S&T 出版)
『半導体封止材料の開発と信頼性技術』(共著、技術情報協会)
『図解 最先端半導体パッケージ技術のすべて』(共著、半導体新技術研究会)
『熱粘弾性解析による半導体デバイスの熱応力と反り変形挙動の解明』(プラスチック成形加工学会)

装丁　田中　望
書面デザイン・イラスト・DTP　株式会社キャップス

現場《げんば》の即戦力《そくせんりょく》
エレクトロニクス部品実装《ぶひんじっそう》のための
はじめての粘弾性解析《ねんだんせいかいせき》

2022 年 4 月 29 日　初　版　第 1 刷発行

著　者　中村　省三
発行者　片岡　巌
発行所　株式会社技術評論社
東京都新宿区市谷左内町 21-13
電話　03-3513-6150　販売促進部
03-3267-2270　書籍編集部

印刷／製本　昭和情報プロセス株式会社

ISBN978-4-297-12771-8 C3053
Printed in Japan

本書へのご意見、ご感想は、技術評論社ホームページ (https://gihyo.jp/) または以下の宛先へ、書面にてお受けしております。電話でのお問い合わせにはお答えいたしかねますので、あらかじめご了承ください。

宛先：〒 162-0846
東京都新宿区市谷左内町 21-13
株式会社技術評論社　書籍編集部
『エレクトロニクス部品実装のための
はじめての粘弾性解析』係
FAX：03-3267-2271